岩波アクティブ新書

27

いい音が聴きたい

実用以上マニア未満のオーディオ入門

石原 俊

岩波書店

岩波アクティブ新書 27

いい音が聴きたい

実用以上マニア未満のオーディオ入門

石原 俊

岩波書店

まえがき

まず明らかにしておかなければならないのだが、私は正直いって、オーディオマニアである。しかもかなり重症の。幸か不幸か、中学一年のときこの趣味に目覚めて以来、途中何度か中断や後退を余儀なくされた時期こそあったものの、三十有余年にわたって、音と音楽の世界にどっぷりとひたってきた。自分の装置から良い音が出るか否かに、一喜一憂しつづけてきた。

もうひとつ明言しておきたいのが、オーディオはすばらしい趣味だということである。オーディオに力を注ぐと、音楽の内容がよりわかるようになる。音楽を聴くのがより楽しくなる。さまざまな音楽と友人になれる。人生が豊かになる(オーディオに凝ることで、音楽を聴くのが苦痛になる場合も生じうるのだが、これについては後述する)。

しかし、ふつうに生活していくのに大それたオーディオ装置は必要ない。そもそも音楽など聴かなくても、基本的人生は十分にやっていけるのだ。げんに私は、しばらくのあいだレコードというものをまったく聴かない暮らしをおくった経験があるのだが、「実生活」にさしたる問題は生じなかった。

いまの世の中では、オーディオ装置がなくとも音楽は聴ける。前世紀中盤までならいざしらず、大都市においては、どこかのホールかライブハウスで毎晩いくらでもナマの音楽をやっている。いや、ナマでなくても街に出ればどこからともなく音楽が聴こえてくる。とくに日本国の商業関係のかたがたは、街頭商店飲食店遊技場等で音楽を流すのがお好きなようで、頼みもしないのにさまざまな曲を聴かせてくださる。その傍若無人さというかサービス精神には、辟易というか感心させられる。

他人に頼らず、自ら音楽を発生させるという手もある。ピアノの腕前が達者な人物が二人そろっていれば、たとえばブラームスの交響曲なら、作曲家本人によるピアノ連弾バージョンの譜面を家庭で音にすることができる。事実、レコードのなかった一九世紀は、オーケストラ曲をピアノ連弾で楽しむのが流行《はや》っていた。

と、このように、音楽はオーディオ装置がなくてもある程度楽しめるのである。極論するなら、オーディオ機器を購入するよりもコンサートのチケット（あるいはピアノ本体と演奏技術習得)に投資したほうが、よほど有意義とすらいえなくもない。にもかかわらず、少なくとも私にとって、オーディオはなくてはならぬ存在なのだ。

前述のように、私はある時期、レコードというものをまったく聴かなかった。なるほど、「実生活」は何ら問題なく営むことができた。だが、「精神生活」はそうではなかった。いまあの曲が聴きたい、という欲求が生じても、それを叶えるすべがない。そう。オーディオ/レコードは、音楽につきまとう時間や空間やその他もろもろの制約から、リスナーを解き放ってくれるのだ。私はいつしか、もう読むまいと心に決めていたオーディオ雑誌をぱらぱらとめくるようになっていた。やがて知人からスピーカーを借用したり、秋葉原の電気街で中古の機器を買い集めたりして、オーディオシステムを組みあげていた。

オーディオ機器を選ぶのは楽しい。こいつでどんな曲を聴こうか。どんな音が出せるのか。私にとってオーディオ機器選びは、人生最大のよろこびのひとつである。では、何をどう選べばいいのか。これは人生最大の難問のひとつといっても過言ではない。オーディオシステムの選択次第で、私的なミュージックライフの方向性のほぼすべてが決定されてしまうからだ。

ここでもしもあなたが、オーディオは実用品でたくさんだ、とお考えになるのなら、どうぞご予算にみあった一般的なミニコンポのようなものをお買いなさい、と私はアドバイスする。現代は平均化の世の中であって、いちおう名のとおったメーカーの品であれば、いちおうの音は出る。ひばりの声がカラスの声に聴こえるような事態はまず起こりえない。だが、それ以上のことを平均的な「一流メーカー品」に期待してはいけないのだ。

平均的な製品は、平均的な音を得ることを目的としている。万人に受け入れられるであろう、音の構造の概略を描くよう設計されている。だから、たとえば美空ひばりの《悲しい酒》がどのような音階によって作曲されているか、といったことはわかるのだが、彼女が何を考えて《悲しい酒》を歌ったのであろうか、といった興味がわいてこない。同じことがマリア・カラスの、たとえば《歌に生き愛に生き》にもいえる。いや、平均的な装置がダメだといっているのではないのだ。平均的なシステムは、総じて歌のラインがくっきりと出る。たとえば宇多田ヒカルのヴォーカルアルバムなどでは、転調の多い彼女のメロディのつくりかたが鮮明に描かれ、カラオケの予習などをおこなうのにまことに都合がいい。ここに実用の実用たるゆえんがある。だが、転調のきっかけとなるバックのバンドの細かいうごきなどは、実用品ではよくわからない。実用以上の音の情報量が得られたときに、オーディオの音は実用の殻を破って芸術の方向へと向かう。

ならば、オーディオマニア的な装置を揃えなければ実用以上の音は聴けないのか。そんなことはない。いや、それどころか私を含むオーディオマニアという種族は、機器等を交換した際の音の変化を聴き取ることに神経をすりへらし、しばしば肝心な音楽の「本体」を聴くことがお留守になっているのだ。またオーディオ機器というものは、高度になればなるほど「使いこなし」が難しくなるため、オーディオマニアの半数(推定値)はひどい音を聴いているといっても過言ではない。まあ、ひどい音を良い音にしていくのがオーディオ趣味ともいえるのだが、これはある意味で音楽を聴くというオーディオ本来の目的を逸脱している。

なにも高価な機器を買い揃えなくとも、ちょっとした工夫で音楽は楽しく聴けるのだ。本書では、実用以上のクオリティをもち、それでいてマニア的一喜一憂におちいらない、ハイセンスなオーディオのありかたを探っていく。

目次

第一章　ウォークマンで良い音は聴けるのか

ウォークマンはオーディオの縮図である

ウォークマン。最小の音楽再生ユニット。この名称は小型ヘッドフォンステレオを意味するソニーの商品名ではあるが、小型ヘッドフォンステレオという概念そのものがウォークマンの登場によって私たちの目の前に出現した歴史的事実があり、また全世界的にみてもこちらの呼びかたのほうが定着しているようなので、本書ではこの名称を使う。

ウォークマンは、ヘッドフォンを使用することを前提とした超小型カセットレコーダーとして一九七九年にソニーから発売された。携行可能なヘッドフォンステレオという存在のありかたは、据え置き型オーディオからの時間的空間的解放であった。そしてウォークマンは、メディアをCDに代え、MDや、パソコンから派生したいくつかのメディアを加え、さらには、かたちのあるメディアを必要としないハードディスクを備えた形態にまで進化してきた。

現在ウォークマンは、最も小さくてポピュラーなオーディオシステムとして定着している。あなたも私もウォークマンのたぐいを一台は所有した経験があるはずだ。そして私たちは、ウォークマンの音にけっこう満足している。ウォークマンの音をけっこう良いと感じている。実用のオーディオとしては、ウォークマン一台で十分とすら考えている。では

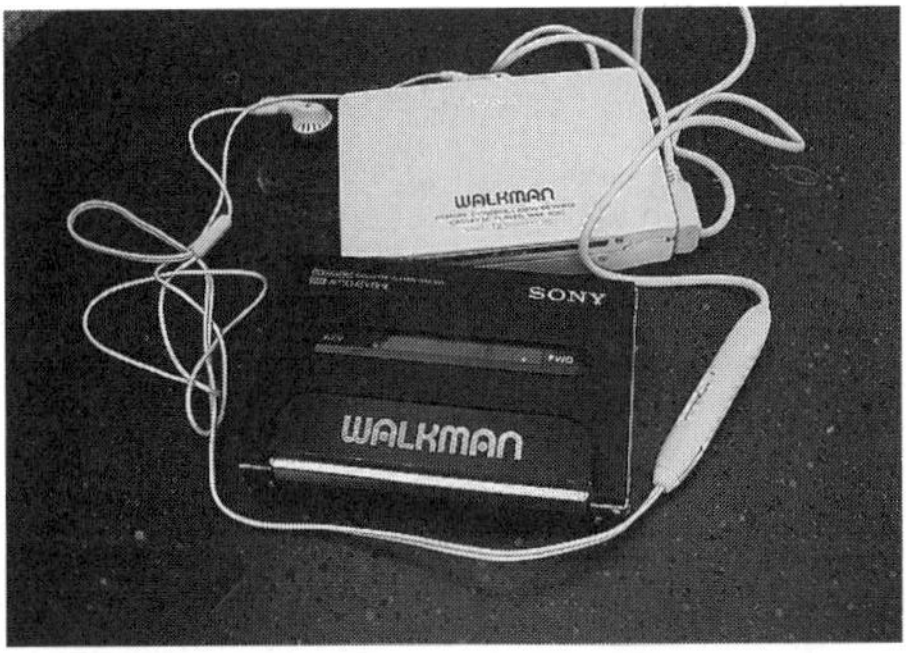

最小の音楽再生マシン，ウォークマン．

なぜ、私たちはウォークマンの音を良いと感じているのだろう。ウォークマンの性能がすぐれている背景には、オーディオの根源的な問題が隠されている。

そもそも、オーディオとは何か。これはひじょうに複雑な要素からなる命題であって、一概にこうだと答えるわけにはいかない。だが、もしも強引にひとことで表現するならば、オーディオとはスピーカーの音を聴く行為である。

ご存知のように、音は空気を介して伝播する。いいかえれば空気の振動である。その空気を振動させせるエンジンがスピーカーなのだ。アナログレコード

であろうが、通常のCDであろうが、コンピュータネットワークによる音楽配信システムであろうが、あらゆるプログラムソースはけっきょくスピーカーによって音に変換される。

他のオーディオ機器は、つまるところスピーカーに奉仕するための存在でしかない。スピーカーを動かすためにパワーアンプ(メインアンプとも呼ぶ)があり、パワーアンプをコントロールするためにプリアンプ(コントロールアンプとも呼ぶ)があり、プリアンプに信号を送りこむためにCDプレーヤー等があるのだ(パワーアンプとプリアンプがひとつになったものをプリメインアンプもしくはインテグレーテッドアンプと呼ぶ。本書であつかう領域ではこちらのほうが一般的であろう)。だから、特定のアンプを使用するためにスピーカーを選ぶというパターンは、よほどの機械マニアかアンプ製作者以外にはありえない。オーディオ趣味はスピーカーに惚れること、といっても過言ではないのである。

オーディオの音を決定するのはスピーカーである。私たちは音楽を聴いているようでいて、実はスピーカーの音を聴いているのだ。家庭で普通にオーディオを楽しむとき、私たちが聴いているのは一〇〇%スピーカーの音、といいたいところだが、これはちょっと違う。家庭でも、専門誌やメーカーの試聴室でも、実際にスピーカーを鳴らしてみると、置きかたによって音はさまざまに変化する。これは左右のスピーカーの間隔・角度による音の放射パターンの変化もさることながら、部屋の音響特性とスピーカーとの関係が音に大きく影響するからである。私たちはスピーカーの音を聴いているようでいて、実は部屋の音を聴いてもいるのだ。ここに、オーディオは工夫と「使いこなし」が肝心、という法則めいたものが生じる。

ところが、世の中にただひとつ部屋の影響をうけない形態のスピーカーが存在する。すなわちヘッドフォンである。ヘッドフォンは部屋の空気を介さず、耳に直接作用するので、部屋の音響特性の影響をまったくうけない。現在では耳にインサートする内耳型イヤフォンが主流のウォークマンでも、まったく同じことがいえる。

部屋の影響とはどのようなものか。たとえば、サイドボードの上に置かれたミニコンポの音と、ウォークマンの音を較べていただきたい。ミニコンポのボリュウムを通常よりも少しあげると、ウォークマンに較べて、男声ヴォーカルやベースの音に、何か少しクセのようなものが感じられないだろうか。もっと顕著な例をあげると、たとえばダンスクラブ。DJのオニイサンがかけてくれるレコードやCDやLPの音は、ベースやドラムスにものすごく迫力がある。だが、それはナマのベースやドラムスに較べてちょっとドロドロしすぎではないだろうか(それがクラブサウンドの魅力なのだが)。やや大雑把ないいかたになるけれど、このクセやドロドロが、部屋や家具の音響特性による影響なのだ。

では、部屋の影響をうけないと何が得られるのか。第一に、プログラムソースの忠実な再現性である。CD等のメディアに入っている音源は、いちおうクセのないピュアな状態で記録されていることになっている。ウォークマンの場合、ウォークマン本体とヘッドフォン/イヤフォンの特性はむろん影響するものの、すくなくとも部屋の影響から脱した状態で、録音された演奏がつたわってくる。

また、部屋の影響をうけないと、精確なステレオイメージが得やすい。私たちが慣れ親しんでいる左右にスピーカーを配したステレオという形態は、モノラル×2とはちょっと違う。ステレオでは左右の音量差と、やや難しい言葉だが左右の音の位相差によって、音の広がりや演奏者の気配などといった立体的なサウンドが聴こえるような仕組みになっている。ウォークマンでは、左右の音量差と位相差がそろうように部屋の状態を整えなくても、ステレオの音がそのまま耳にはいってくるのだ。

オーディオに影響するのは部屋ばかりではない。オーディオ機器には、電力の良し悪しが隠然たる力でもって音に作用する。あたりまえの話だが、電気製品たるオーディオ機器は電気をエネルギー源として動作する。さてそのエネルギーだが、東京電力や関西電力などの電力会社が販売している商用電源というやつは、オーディオの側からいわせていただくと、これがとんでもないしろものなのだ。

パソコン、ファックス、冷蔵庫、洗濯／乾燥機、テレビ、インバーター電源式照明器具等、これらはすべてノイズを発生させている。オフィスビルなどはノイズ源の親玉だ。これらのノイズは電源コンセント等を介して電源ラインに侵入し、電源回路をつたわってオーディオの信号を汚染させる。この汚染は通常、音の濁りとしてスピーカーから表現される(ただし、オーディオシステムのスイッチを入れたときに、スピーカーから聴こえる「ジー」というノイズは、ほとんどの場合、システム自体が発生させているもの)。昨今ではマニア用品のひとつとして、商用電源からクリーンな交流一〇〇ボルト・五〇／六〇ヘルツを発生させるマシン(！)が販売されているほどだ。

ところがバッテリーで駆動されるウォークマンには、電源ラインからのノイズの混入が

ジェフ・ロウランド社のアンプ群，後方にあるのがModel 9DC（写真協力：大場商事）.

ない。これはある意味で理想的なオーディオシステムのありかたである。やや余談かもしれないが、一九九〇年代の中頃、アメリカの超高級アンプメーカーであるジェフ・ロウランド・デザイン社が、バッテリー駆動方式の超高出力・超高品位パワーアンプ、モデル9DCを発表して、全世界のオーディオマニアをうならせたのは、いまでも強烈な印象として私の脳裏に焼きついている。その後、わが国のオーディオメーカーもバッテリー駆動方式のアンプに挑戦した。

もうひとつ、ウォークマンには筐体《きょうたい》(つまりボディですな)が小さいがゆえのアドバンテージがある。それはシンプルな回路によって得られる音の良さである。昨今、アンプの増幅回路は超小型化する傾向にある。筐体がひじょうに大きなアンプでも、中味の大半が電源関係の回路やパーツで、信号をあつかう部分はほんのちょっと、といったケースが多い。これは回路内の信号伝送経路を最短化することによって信号のロスを最小限に抑えるための手法である。また、増幅系の回路が短縮されると、前述のノイズ発生源からの電波によるノイズ信号の混入がすくない。この技術とウォークマンとの直接の関係は稀薄ではある。しかし、こういった高度な配線技術に象徴されるように、ディスクドライブ部と数個の集積回路で構成されるウォークマンは、内部配線がシンプルなので、余計な色のつかないストレートな音が出るのだ。

ここでウォークマンの音の良さの要因についてもういちど整理しておこう。

一　ウォークマンは、ヘッドフォン／イヤフォンの振動板の音が耳に直接作用するので、部屋の影響をうけない。

二　バッテリードライブなので電源の汚染と無縁。

三　回路が単純なので、内部配線のシンプルさがストレートな音を生む。

これらウォークマンサウンドの成因を逆説的に考えると、オーディオシステムの音を良くするための方法論のようなものが見えてくる。すなわち、

一　オーディオの音を良くするためには、部屋の音響特性を整える必要がある。
二　良い音を得るためには電源に配慮しなければならない。
三　機器間をつなぐケーブル(つまり電線ですな)の引き回しによって音は変化する。

ウォークマンから良い音を引き出すのに、これらのテクニックは無用の長物ではある。なにしろウォークマンの音の良さは、以上のような問題をクリアしたことによって得られたのだから。しかしながら、実用以上のオーディオを実践していくためにはこのような知識がかならず必要になる。実生活には何の役にも立たない雑学を身につけることが、音楽を上手に聴くための秘訣なのだ。

ウォークマンで実用以上の音を得るには

では、ウォークマンは実用以上のオーディオなのか。たしかにウォークマンは、ありきたりなミニコンポより、よほど音の情報量が多い。だが、残念ながら、ウォークマンは買ってきたままでは実用の域を出ないのだ。

ここまでウォークマン礼讃を述べてきたので、こんどはウォークマンのネガティブな面をあげておこう。ウォークマンの音は、プリメインアンプ等のヘッドフォン端子にヘッドフォンをつないで聴く音に較べて、スケールが小さい。また音の剛性感が足りない。つまり、音にガッシリした感じがしない。これはあくまでも比較論ではあるのだが、ともかくウォークマンの音は、ストレートでさっぱりしている反面、どこかチマチマヘナヘナした感じがする。これはウォークマンの筐体がヘナチョコだからだ。

いや、ヘナチョコなどといってはつくったひとに悪いが、オーディオ機器というやつは、総じて筐体のありかたが音に反映される。ガッシリしたボディをもつモデルからはガッシりした音が聴こえ、しなやかなフォルムのマシンからはしなやかな音楽が流れる。まあ、例外もあって、ゴチゴチのバカデカ筐体のくせに、出てくる音はチマチマヘナヘナ……。こういうのは最悪だ。ウォークマンはこの価格でよくぞここまでと感心するほど音が練られてはいるのだが、小型ゆえに音の広がりが小さく、軽量ゆえに音の質感がガッチリしていない。

ところで、ナグラ社のテープレコーダーのように精悍な筐体をもつウォークマンはできないものだろうか。ナグラ社は、スイスのプロ用音響機器メーカー。同社のオープンリール式超小型テープレコーダーは、ラジオ報道、映画の音声シンクロ撮影、音楽演奏の録音などに活躍している。その機能美あふれる筐体のつくりはひじょうに魅力的で、知人の写真家でカメラコレクターとしても著名なある人物は、ナグラのレコーダーをコレクションしているほどだ。同社は近年、民生用オーディ

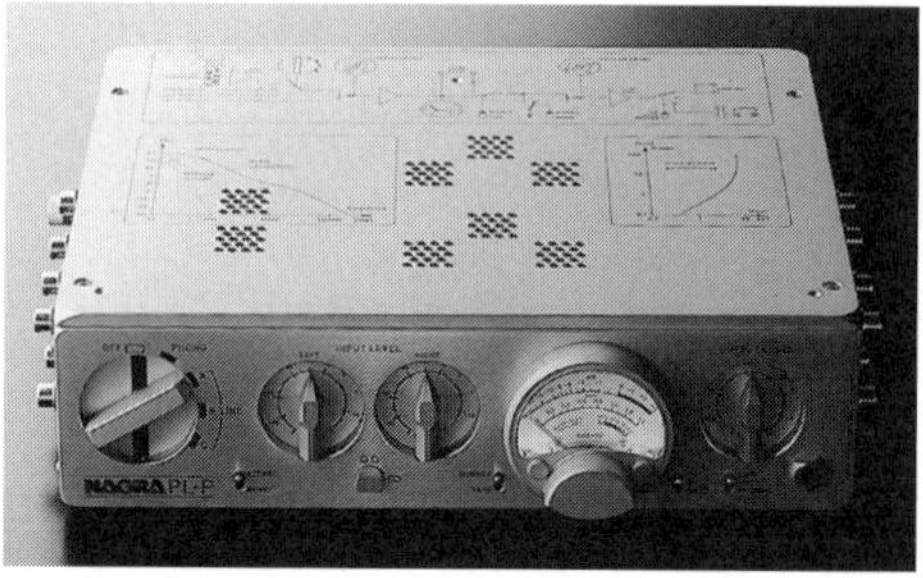

ナグラ社の民生用プリアンプ，PL-P.

オ機器の分野にも進出し、マニアを魅了している。もっとも、ナグラの基準でウォークマンを製作したら、重くなりすぎて、さしずめチェアマンとでも称すべきマシンになるかもしれないが。

ちょっと話が脱線したが、あと、ウォークマンの音にはどこかフラフラしたところがある。とくに携帯時にフラフラ感が増加する。まあ、そのときはこちらも歩いているのであまり気にならないといえばならないのだが、気にしだすとけっこう気にならなくもない。先ほど述べたボディの剛性とも関係があるのだが、これはディスクドライブメカニズムがスペースとコストの関係からヤワにならざるをえないことに起因している。駆動メカニズムの剛性の低さが音に乗るいっぽうで、携行時にはさまざまな衝撃や慣性の影響をうけるため、ディスクに微量の回転むらが生じ、音がフラついているように感じられるのだ(これが極端になると、音飛びになる)。

ここでまた二つのことがわかった。

一　オーディオ機器の音は筐体と密接に関係する。だから、特定のユーザーにとって見た目の好ましい機器は、音を聴いても好ましく感じられる可能性が高い。

二　オーディオ機器は回転系のメカニズムが音を左右する。

SPレコード時代から、LP、CD、MD、HD(つまりハードディスクですな)に至るまで、音楽はおもにディスクと名のつくものに記録されており、この法則はすべてのジャンルにあてはまる。つまりオーディオ機器は回転メカニズムのしっかりしたものを選べばいいのだ。もっとも、ハードディスクをもちいた機器では、回転メカニズムがブラックボックス化しているので、しっかりしたものかどうかはスペック(性能諸元)から推測するしかないのだが。筐体と回転系のありようが音に反映される事実は、オーディオ機器がエレクトロニクスのみならずメカニズムの産物であることを意味している。

しかし、買ってきたままのウォークマンが実用の域を出ない決定的な理由は、別のところにある。それは付属のイヤフォンの貧弱さである。すくなくとも私は、このカチカチのプラスチックでできた黒いソラマメ状の物体を、おのれの耳に挿入する気にはなれない(私のウォークマンの付属イヤフォンはパッドつきのタイプではなかった)。だが、本稿を記すためにまだ封を切っていないビニール袋をあけて、付属のイヤフォンを装着してみた。予想どおり、あまり心地良いとはいえない。むしろ不快の念すらおぼえる。人はこのような非人道的苦痛を味わいつつ、音楽を聴けるものだろうか。これは実用未満である。ＣＤ半枚でギブアップ。私はコードつきの黒いソラマメ二粒を床に投げ捨てたね。

まあ、プラスチックまるだしの品が痛く感じられるのは私の特異体質かもしれないけれど、ウォークマンに付属のイヤフォンは、そもそも音楽がおもしろくないのだ。たしかに、前述したようなウォークマンの良さは出る。しかし、装着感が不快なこともあってか、音楽を積極的に聴く意欲がわかない。

絵画や写真もそうだが、機械ものにも「読みかた」がある。私のウォークマンの付属イヤフォンにパッドがついていなかったのは、コストの問題もさることながら、衛生面からパッドつきを好まないユーザーもいると、メーカー側が推測したのだろう。いいかえれば、文句をつけられにくいものをいちおう付属させてはおくけれど、どうぞ好きなイヤフォンなりヘッドフォンをお使いくださいという意味にもうけとることができる。事実、多くのユーザーが好みのタイプを選んでいるようだ。

B&Oのイヤフォン，A8.

ではイヤフォン／ヘッドフォンは何を選んだらいいのか。自分の「体質」にあいそうなモデルのなかから好きなものをお求めになるのがいいだろう。もしも迷ったら、フォルムの好ましいモデルは音も好ましい、という前述の法則めいたものを思い出していただきたい。ただし、本格的なヘッドフォンは、ウォークマンのスピーカーユニット駆動能力を超えているケースもあるのでご用心。また、オーバークオリティだと、前述のウォークマンの弱点を暴きだす結果になるかもしれない。

私が使用しているのは、デンマークのオーディオメーカー、B&O(BANG & OLUFSEN)社のA8というイヤフォンである。このモデルは、トラディショナルな眼鏡のツル状のアームにイヤフォン本体をとりつけたもので、材質は合成樹脂と金属のハイブリッドだ。アームの感触は肌に優しく、交換可能なパッドのついたイヤフォンの装着感はすばらしい。また、ジョイント部が自由自在にうごくので、誰の耳にもよくフィットする。そのフォルムはステキの一語。だが、本当にステキなのはその音だ。

A8の音はじつに品格が高い。爽やかさを基調とした癖のないサウンドで、あらゆるジャンルの音楽をそれらしく描き出す。高域の音は美しく駈けあがり、低域は節度を保ちながらも頭のなかにずしりと響く。サウンドの広がりも十分にあり、小さくまとまりがちなウォークマンの音場《おんじょう》（つまり音の描かれるフィールドですな）が頭の外にまで広がっていくような感覚をおぼえる。また、ほとんど聴き疲れがしないのもA8の特徴である。これならばヨーロッパ行きの飛行機で、離陸から着陸までオペラの予習ができそうだ。付属のイヤフォンとは雲泥の差。このことからも、オーディオにおけるスピーカーの重要性がご理解いただけるだろう。将来、ウォークマン的機能が携帯端末の一部に組み込まれようと、オーディオにおいてスピーカーが重要であることに変わりはない。

ウォークマンの魅力。それは細密画のようなオーケストラをどこへでも携行できることではないだろうか。体質にあったイヤフォンで聴くウォークマンの音は、実用の領域を大幅に超えている。たとえば、いわゆる名曲のなかで最も複雑にできている作品のひとつである、ストラヴィンスキー作曲《春の祭典》などでも、譜面に書かれていることが間然《かんぜん》することなく頭のなかに描かれる。さまざまなCDを聴いても、オーケストラの音色の違いがわかる。指揮者の楽曲分析や表現の方法論がつたわってくる。音楽の骨格をつかむことだけに目的を特化すれば、大掛かりなオーディオシステムよりもウォークマンのほうが高性能とすらいえるのだ。

私たちはウォークマンを空気のように感じている。いわゆる家電製品や携帯電話のような実用品として認識している。なるほど、ちょっとしたお小遣い程度の出費でウォークマンはすぐにも手にはいる。良い音がイージーに得られる。だがウォークマンをやや詳細に眺めることで、私たちはオーディオテクノロジーの何たるかに気づく。ウォークマンのありがたさを再認識する。オーディオ技術の諸相を象徴し、またそれに対する根本的な解決法を示したところに、ウォークマンを大ヒット商品たらしめた原動力があったのかもしれない。

ヘッドフォンシステムへの発展

ウォークマンの音は十分満足のいくものではある。だが、各種フォーマット用のウォークマンを聴き較べてみると、音の傾向の差異こそ聴きとれるものの、フォーマットがもつ情報量の多寡による決定的な違いはあまり感じられない。CD用も、MD用も、ハードディスク式ウォークマンも、とどのつまりは同じように聴こえる。よく整備された大規模なオーディオシステムではフォーマットの違いがはっきり出るのに。これはウォークマンの性能うんぬんよりも、むしろCDにはいっている情報量が「実用以上」に多いと解釈すべきである。本腰を入れてCDを再生すると、すばらしい音響世界に遊ぶことができるのだ。

ウォークマンの考えかたをさらに前進させたところに、据え置き型ヘッドフォンシステムという概念が浮上してくる。ヘッドフォンで聴くオーディオシステムの最大の利点は、音が外部に漏れないこと。オーディオを趣味とする者にとって、最大の悩みは、機器の選定でもなければ、その予算を捻出するための配偶者の同意でもなく、実は音の出せる部屋を確保できるかどうかなのだ。

私事で恐縮だが、二〇歳のときに生家を出て以来、私はほぼ二〇年にわたって音の出せる環境をもとめて東京をさまよった。当初は夜ごとに大音量を出したあげく、近隣とトラブルをおこし、しょっちゅうアパートメントを追い出されていた。だが、そのうちだんだん悪知恵がついてきて、階下に一般的な住人のいないところを選ぶようになった。畳屋の作業所の二階。カーショップの二階。人材派遣会社の二階。貸し駐車場の二階。なんだか二階にばかり住んできたような気がするが、齢四一にしてやっと一階にリスニングルームをもつことができたのだった。

ところがヘッドフォンシステムだと、音漏れにはまったく気を使わなくていい。オーディオのための空間を確保する必要すらない。起きて半畳、寝て一畳。いや、電話ボックス状の半畳部屋では息がつまるだろうが、ともかく機器をセッティングする場所と、椅子を置くスペースさえあれば、ヘッドフォンシステムは実現できるのである。

ヘッドフォンは、ごくごく大雑把に分類すると、ダイナミック型とコンデンサー型の二種類にわかれる。この分類は通常のスピーカーにもあてはまる。ダイナミック型はどちらかというと一般的で、ウォークマンに使用するのもこれだし、プリメインアンプ等のヘッドフォン端子とつなぐのもこれだ。オーディオショップでヘッドフォンといえば、通常はこちらのタイプを指す。いっぽうコンデンサー型は、振動板に電圧をかけることが必要なことから、特殊な端子をもつ専用のアンプで駆動する。

コンデンサー型は専用アンプ込みのプライスタグがつけられているので、それなりの出費を覚悟しなければならない。だが、あとはCDプレーヤーだけ揃えればいいのだから、ヘッドフォン専用システムと割り切れば結果的に安くつくとも考えられる。いっぽうダイナミック型は、多くの国産プリメインアンプにはヘッドフォン端子があるので、通常のスピーカーも鳴らしたいのなら、こちらのほうがお得かもしれない。また現在では、ダイナミック型ヘッドフォン用のヘッドフォンアンプも存在する。

では両者の音はどのように違うのか。一般的

オーディオテクニカ社のヘッドフォン，ATH-W100(写真協力：(株)オーディオテクニカ)．

に、ダイナミック型はどちらかというと力感のあるサウンドをもつ。それに較べてコンデンサー型の音は、繊細にして幽玄だ。この音質的特徴は一般的なスピーカーにおけるダイナミック型とコンデンサー型にもあてはまる。また昨今では、コンデンサー型のような繊細さをもつダイナミック型スピーカーが台頭してきており、ちなみに私が使っているのもこのタイプに属するものである。

ここで仮想のヘッドフォンシステムを組んでみることにしよう。まずはヘッドフォンをどのようなタイプにするかを、オーディオ機器販売店で試聴するなどして、じっくり考える。だが、ここではじっくり考えていると話が先に進まなくなるので、料理番組と同様、じっくり考えた結論がいきなり登場する。ここでは一般的なダイナミック型を選ぶことに決めたと思っていただきたい。価格は実売で数万円。ヘッドフォンに数万円の投資がリーズナブルかどうかはさておき、スピーカーを選ぶときにケチってはいけないのだ。

では、ヘッドフォンをどのように鳴らすか。一般的なプリメインアンプにもヘッドフォン端子はついている。だが、ここはヘッドフォン専用システムを目指して、ヘッドフォンアンプを使うことにする。現在、市場には十機種以上のヘッドフォン専用アンプが出回っていて、価格のレンジは数万円から数十万円にまでおよぶ。なるほど実際に試聴してみると、数十万円のモデルの音はすばらしい。だが、ここはちょっと我慢して、数万円の小型のモデルにいいのがみつかったことにしよう。

最後にCDプレーヤーを選ぶ。これは選択肢があまりに多い。そこにはDVDビデオプレーヤーも含まれれば、録音可能なCD-R機もあり、さらには後述のSACD(スーパーオーディオCD)兼用のタイプも増えてきた。いや、むしろCD専用機はすでに過去の遺物なのかもしれない。だが、その遺物を中古市場で探すという手もある。ここでは中古市場から、フォルムが好ましく、筐体が堅固で、ディスク回転メカニズムがしっかりしていそうな、思わぬ掘り出し物がみつかったと仮定する。その価、一〇万円強。約二〇万円の出費で、ヘッドフォンシステムの構成員がそろったわけだ。

買い物が済めばオーディオは完結、と思っておられる向きもあるだろうが、それは大きな誤りである。実はオーディオはここから始まるのだ。買ってきた機器をつなげば、オーディオシステムはいちおう音が出るようになってはいる。しかし、音の良否はユーザーの「使いこなし」で決まるのだ。意外に思われるかもしれないが、他の電気製品のことを考えてみてほしい。もしもあなたが男性なら、あなたは洗濯機の使い方を知っているだろうか。奥様やお母様より上手に洗濯ができるだろうか。もしもあなたが女性なら、最初からアイロンはうまくかけられただろうか。さよう。オーディオ機器も同じ電気製品である。いや、家電よりもよほど複雑な構造をもつ精密機械である。そこから良好な結果を引き出すには、ある程度の知識と経験が必要なのだ。

オーディオ機器の使いこなしで最も難しいのは、スピーカーのセッティングである。だが、スピーカーをもちいないヘッドフォンシステムでも、使いこなしは大切だ。まずは、機器をセッティングする場所を決める。ＣＤプレーヤーと小型のヘッドフォンアンプだけだから、オーディオ専用のラックはいらないかもしれないが、アンプ類はなるべくガタのないしっかりした場所に設置していただきたい。また、機器は水平に置くこと（水準器を用意しておくと便利）。セッティングが済んだら、結線（つまりケーブルをつなぐことですな）をする。

オーディオ機器の裏にまわりこむのは好きじゃない、とおっしゃる御仁《ごじん》はすくなくない。そのお気持ちはよくわかる。オーディオ機器のリアパネルを目にすると、なんだかクルマの下にもぐりこんだような、キカイの臓物《ぞうもつ》をみせられたような、そんな気分になってくる。だが、良い音を得るにはリアパネルとのつきあいが肝心なのだ。

まずは電源ケーブルをコンセントにさしこむ。電源のとりかたにもコツがあるのだが、これについては第二章で紹介する。次にプレーヤーとアンプをラインケーブル(通常はRCA型ピン・コネクターがついている)でつなぐ。この作業をするときは、まちがっても電源スイッチをオンにしておいてはいけない。さもないと機器の破損をまねくおそれがある。ここでケーブルを観察していただきたい。何かの文字が印刷されてはいないだろうか。矢印が記されている場合もある。矢印があったら、信号がその向きにしたがって流れるようにケーブルをつなぐ。すなわち、CDプレーヤーからヘッドフォンアンプに矢印が向くようにする。矢印のない場合は、文字の流れにしたがって信号が流れるようにする。この場合、「正しい」向きかどうかは定かではないので、後日、逆方向を試してみてもいい。それよりも大事なのは、右と左のケーブルが同一の状態になっていることである。もしも何も書かれていなかったら、とくに気にする必要はない(最廉価なものは、たいてい何の表示もない)。

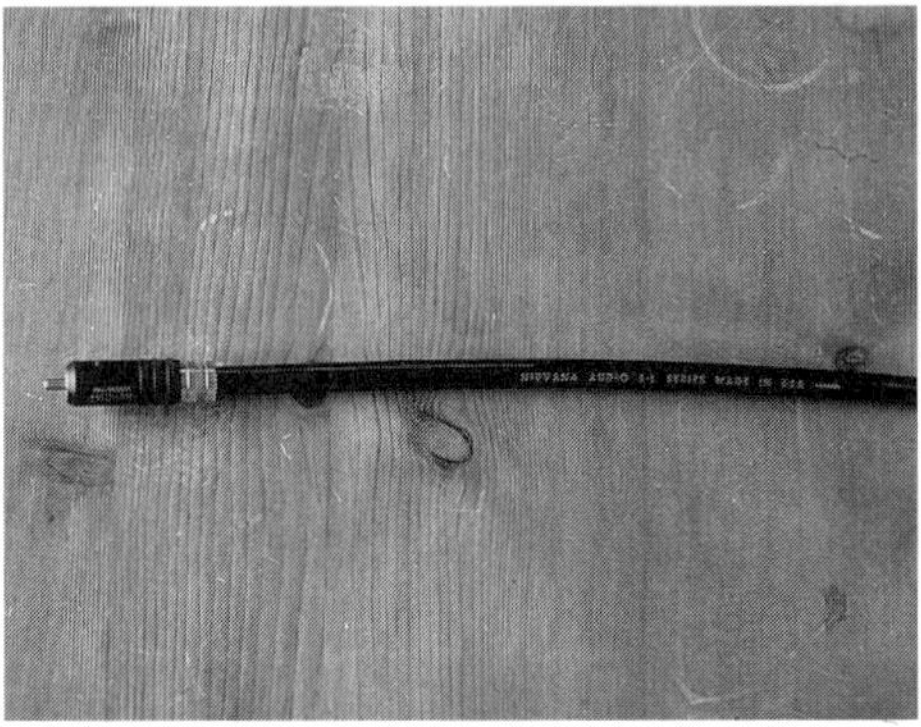

米国ニルヴァーナ社製のラインケーブル．信号の流れる方向が矢印で示されている．

結線されたラインケーブルや電源ケーブルは、機械的負荷のかかっていない自然な状態が望ましい。長すぎるので余った部分を二つ折りにしてキュッと結んでおく、なんていうのは絶対にダメ。ケーブルがぐしゃぐしゃになってトグロを巻いている、なんていう状態も不可。電源ケーブルとラインケーブルが並んで走っているのも好ましくない。これはヘッドフォンのケーブルについても同様である。ケーブルに余計な力がかかったり、電源系と信号系が重なったりすると、ステレオの音場が狭くなったり、音が濁ったりするのだ。あと、ケーブルはなるべくなら短いものが良い。かといって、短すぎると使い勝手が悪いので、とりあえず廉価なものを選んでおいて、必要な長さのめどがついたところで文字や矢印が表示されているものにグレードアップするといいだろう。ケーブルについては第五章でやや詳しく述べる。

システムの電源を入れるときは、信号の流れる順番に入れる。ヘッドフォンシステムなら、CDプレーヤーの電源スイッチをオンにし、それからヘッドフォンアンプのスイッチをオンにする。電源を落とすときは、逆の手順でおこなう。

きちんとしたセッティング／結線をほどこしたヘッドフォンシステムからは、どのような音が聴こえるのか。それは、まずまちがいなくウォークマンのクオリティを大幅に凌駕しているはずである。音の広がりが比較にならぬほど大きく、音楽の細部が際立っていて、音の質感がひじょうに美しいにちがいない。では、このサウンドは、通常のスピーカーを使うシステムに換算すると、どのくらいのクオリティなのだろう。

すでに何度か記してきたように、ウォークマンはへたなミニコンポよりよほど良い音がする。オーディオを一概に金銭で量ることはできないが、ウォークマンの音は、その一〇倍程度の投資をした通常のオーディオシステムのそれに匹敵する。もしもそうだとしたら、ここで組んでみた仮想ヘッドフォンシステムもまた、その一〇倍程度の通常システムに匹敵することになる。まあ、何事によらず、人的物的投資と、得られる結果の関係は、上級になればなるほど正比例しにくくなるものなのだが、それでも仮想システムの音はかなりいいところまでいくと思う。

ヘッドフォンは通常のスピーカーよりもはるかに少ない電力で動作する。また動作の規模も小さい。そのため高いクオリティが比較的容易に得られる。また、程度の良い中古品を随所にもちいることで、コストパフォーマンスは上昇する。このように、工夫次第で良い音はけっこう簡単に手に入るのだ。

ただし、ひとつ問題なのは、ヘッドフォンだと、音場が頭のなかにできてしまうこと。これはある意味でリアリズムではない。音楽を部屋の空間に出現させ、しかもそこにリアリティをもたせることは、実はひじょうに難しいのである。

第二章　ラジカセでクラシックは邪道か

一体型オーディオシステムの系譜

通称、ラジカセ。本名をラジオ・カセットテープレコーダーという。英語ではこれをブームボックス／boom boxと呼ぶのだそうだ。以前、ラジカセは青少年御用達《ごようたし》のオーディオシステムとしてけっこう人気があったのだが、昨今ではパソコンやウォークマンにすっかり取って代わられてしまった。いまCDプレーヤーつきのラジカセを使っているのは、むしろ若いとはいえない人々であろう。現在ラジカセは、オーディオにほとんど興味はないが、とりあえず音の出る装置がないと困るという需要に応えているようだ。

私たちの身のまわりでは凋落《ちょうらく》のときを迎えてはいるものの、しかし全世界的規模でみるならば、ラジカセは第一線で活躍する偉大な音楽再生マシンである。ニューヨークなどで、アフロアメリカンのお兄さんが大型のブームボックスを肩にかついで闊歩している姿などは、まことに絵になる光景だ。そして彼の肩に「セッティング」されたブームボックスからは、事実、ノリの良いすてきな音楽が聴こえてくる。では、ラジカセはシリアスな音楽再生装置足りえるのだろうか。

歴史的経緯からみると、ラジカセはスピーカーつきカセットテープレコーダーにラジオを付加したものである。その昔、日本がまだビンボーだった頃、私たちはFM放送を録音して音楽を楽しんでいた。レコードを次から次に買いもとめることなど夢のまた夢だった。私は毎朝六時に起き、皆川達夫先生が解説されていたNHK-FMの《バロック音楽の楽しみ》をエアチェックしたものである。

ラジカセ……．ただしCDはかかるが，カセット機能を欠くタイプ．

CDが世に出てしばらくしてから、ラジカセにCD再生機能が付加されるようになった。いわゆるCDラジカセの登場である。この意味は大きい。カセットテープは音楽等の入ったパッケージメディアとしても流通していたが、本質的には録音用メディアであった。いっぽうCD

は、CD-R／RWの登場によって現在では録音可能なメディアのひとつになってはいるものの、本来はパッケージメディアである。CD機能を得たことで、ラジカセは一体型のパッケージメディア再生装置となった。現在ではカセットレコーダーを欠く、CD再生とラジオの機能しかないモデルも存在するほどだ。このトレンドは、ラジカセの一体型のモジュラーステレオ回帰とうけとることもできる。

オーディオシステムは、もともと一体型だった。すなわちSPレコード時代の蓄音器である。原初の蓄音器は電源を必要としなかった。ターンテーブルは、ハンドル巻上式ゼンマイのパワーにより分速約七八回転で駆動され、ディスクの音溝《おとみぞ》をレコード針がトレースすることによって得られた音が、レコード針を装着したサウンドボックスという一種の共鳴器を通って、巨大なラッパ状のホーンから放射されるのである(古くからのオーディオ愛好家は、スピーカーをラッパと呼ぶ)。録音はこの逆の手順でおこなわれた。演奏者は大型のホーンに向けて音を出し、その空気の振動がそのままディスクに刻まれたのだ。よくレコードを制作することを、レコードを吹き込むと表現するが、これは比喩ではなく、昔のひとたちは字義どおり録音システムのラッパめがけて、音を「吹き込んで」いたのだ

（ただし、一九二〇年代からは電気式録音が主流になった）。

アコースティック蓄音器の原理はごくごく単純である。音波がそのままディスクの溝に刻まれているだけだ。シェラック（天然樹脂の一種）を原料とする盤は壊れやすいし、スクラッチノイズ（レコード針による擦過音）もひどく、周波数特性などの数値は、後のLPやCDとはまったく比較にならない。ところが名機といわれるアコースティック蓄音器で実際にSPレコードを聴くと、これがとんでもなくすばらしい音なのである。切れば血の吹き出るようなというか、これぞ肉声というか、魂のサウンドというか……。オーディオ百年の進歩とは、いったい何だったのか。

おそらく、電気を使わないダイレクトな変換方式が、アコースティック蓄音器の生々しい音につながっているのだろう。また、一体型であるがゆえに、ピックアップの先からホーンの開口部に至るまで総合的な設計とチューニングをほどこせたことも、アコースティック蓄音器のアドバンテージだったのかもしれない。アコースティック蓄音器は電気蓄音器に進化し、モジュラー式ステレオへと発展することになる。

一九六〇年以前に生まれた多くの人々にとって、子供の頃オーディオといえば、家具調

米国ビクター社のアコースティック蓄音器，クレデンザ(オーディオテクニカ社のHPより)．

のモジュラーステレオだったはずだ。一九六〇年代の半ばまで、オーディオマニアか、音楽通か、さもなければよほどのリッチマンでもないかぎり、セパレート式のステレオを所有できるひとはそう多くはなかった。大人のオーディオマニアや音楽ファンが存在しない私の生家でも、ステレオは当然のことながらモジュラー式だった(メーカーはどこだったか忘れた)。私はその家具調の木目ボディのモジュラーステレオを、なんだかやぼったいしろものだなあ、と認識していた。音も良くなかった。

モジュラーステレオが家具調だったのは、ＳＰ時代の据え置き型蓄音器の影響である。据え置き型蓄音器は家具調、いや現代の基準でみればアンティーク家具そのもののボディに、木製の巨大なホーンを組み込んだもの。これは本物の家具としても機能し、内部にレコードが収納できるようになっているモデルもあった。一九二〇年代につくられた、米国ビクター社のクレデンザという名機などは、古典的西洋家具のフォルムを眺めているだけで惚れ惚れさせられるほどだ。むろん音もすばらしい。家具調、いや古典的西洋家具型のモジュラー式ステレオにも名機は存在する。一九五〇年代にレコードのレーベルでも有名な英国デッカ社で生産された、デコラ(Decola)というモデルがその最高峰であろう。現代の最新鋭最高級システムに比較すれば、スペック上の性能で見劣りするものの、デコラのサウンドはすばらしく上等だ。デコラの音に接すると、一九六〇年代以前のLPレコードしか聴かないのなら、これで何の不足があるのか、といった気分になってくる。おそらくは、すぐれたバランス感覚と芸術的感性の持ち主が総合的な設計とチューニングをほどこしたのだろう。デコラは、あらゆるジャンルの音楽を美し

最高級一体型ステレオ，デッカ・デコラ(写真協力：(株)ステレオサウンド　撮影：油利賢次).

く描く。また、その美しいフォルムは単なるカッコつけではなく、姿の洗練が音に反映されている(見た目の好ましい機器は、音を聴いても好ましく感じられる、という法則を思い出していただきたい)。だがデコラは、単なるカッコつけの置物(?)としてさえもきわめて上品で、西洋のトラディショナルな室内装飾によくマッチするのはもちろんのこと、すっきりしたモダンデザインの部屋にポンと置いてもよろしい。

そのデコラやクレデンザから、一体型という遺伝形質を、セパレートオーディオシステムの時代を飛び越して隔世遺伝的に受け継いだのが、現代のラジカセというわけだ。しかし、一体型オーディオシステムという共通点はあるものの、ラジカセと蓄音器とでは姿かたちがずいぶん違う。価格も違う。一九三〇年代、クレデンザには一〇〇〇円以上の値札がつけられていたという。これは現代の邦貨に換算すると三〇〇万円以上に相当するだろう。音のクオリティも違う。ラジカセは、ごく少数の例外を除いて、しょぼい音か、さもなければこけおどしの低音と高音をきかせた、いわゆるドンシャリ音しか出ないのだ。

では、ラジカセの音では感動できないのか。そんなことはない。私はラジカセですばらしい音楽体験をしている。

もう何年も前のことになるが、私はあるアンティークショップで、そこのオーナーと雑談をしていた。会話が途切れたとき、彼は音がないと寂しいねといって、一八世紀英国の作とおぼしきチェストの上におかれたラジカセのボタンを押した。ラジカセからは古式ゆかしいリュートのしらべが流れてきた。その曲は、バッハが《ヴァイオリン・ソナタ第一番・ト短調》(BWV一〇〇一)の第二楽章を、リュート用に編曲した、《フーガ・ト短調》(BWV一〇〇〇)だったように記憶している。

そのラジカセは文字どおりラジカセで、CD再生機能はついていなかった。普通の、いや普通の水準にすら満たない、しょぼいラジカセだった。にもかかわらず、その空間にはすばらしい音楽があった。一瞬、私の心はバッハの音響世界を通じてタイムスリップし、バッハの生きた一八世紀に浮遊していた。

アンティークショップの雰囲気がそう感じさせたのか。それもあるだろう。そのときの気分と聴いた音楽がマッチしていたのか。それも大いにありうる。ラジカセの「置き台」をつとめたチェストに惚れこんでいたからか。その可能性も大だ。なにしろ問題のチェストは、そのしばらく後に私の所有に帰することになったのだから。だが、もしかすると、そのラジカセは本当に「良い音」を出していたかもしれないのだ。

音が良くなること　音が変わること

突然で恐縮だが、ここでコンセントをご覧いただきたい。電気製品に電力を供給する、壁のコンセントである。

日本国において、通常の家庭用コンセントは上下に二口の端子がついている(四口のケースもある)。そしてその一口のコンセントには左右にひとつずつの切れ込みがあって、その切れ込みに電気機器の電源プラグをさしこむようになっている。なぜ切れ込みが二つあるかというと、電気にはプラスとマイナスがあるからだ、というのは小学校の理科で習った。電気には直流と交流があって、コンセントの電気は交流のほうである、というのも義務教育のどこかで勉強させられた。交流には周波数があって、西日本方面は六〇ヘルツ、東日本方面は五〇ヘルツ、というのも誰かから聞いたような気がする。同じオーディオ機器でも、関西で聴くのと関東で聴くのはちょっと違っていて、関西で聴く音はどことなくウドンの食感のようなツルツルした感じがするのに対して、関東で聴く音はどことなくソバの食感のようなゴワゴワした感じがするのだが、これは商用電源の周波数もさることながら、機器を使用する地域で好まれる麺類も影響している、というのは私の説で、半分冗談だが半分本気だ。

交流は高電圧を伝送するのに都合が良く、またプラスとマイナスの接続ミスもないことなどから、商用電源にもちいられている(西と東で周波数が異なるのは、電力事業勃興時に導入した発電機のメーカーが異なっていたから)。だが、もういちどコンセントをよく見ていただきたい。左の切れ込みのほうが右より少し長くはないだろうか。そう。右と左では性質がやや異なっていて、右側がフローティングした状態なのに対して、左側は大地に接している――すなわちアースが落ちている。まあ、この問題はいいだすときりがないので、ともかくコンセントの切れ込みは、右と左が違うということをおぼえておいてほしい。

いっぽう、オーディオ機器の回路も随所でシャーシ／アースラインに接している――すなわちアースが落ちている。このアースラインは電源ケーブルのプラグの片側にまでのびている。このアースラインにつながっている側を、コンセントの左側にくるように接続するのが、オーディオ機器の「正しい」使いかたであり、この状態で得られる音が「正しい」音なのである。なお、オーディオの電源をとるコンセントは、できることなら専用とし、ファックスや冷蔵庫等とは共用させないでいただきたい。また、なるべくならテーブルタップの類いはもちいないで、壁コンセントからダイレクトにとっていただきたい。

では、どうすると電源プラグを「正しい」向きに差し込めるのか。ラジカセクラスの製品では、電源プラグのアースの落ちている側が正確に表示されていない。したがって、どちらが正しいかは、実際に耳で確かめて決める。まずは現状の音を聴き、それから電源プラグの向きを左右逆にして音を聴く。もういちど元の状態にもどして聴いてみる。ステレオの音場感が伸びやかで、音がすっきりとしているのが「正しい」状態だ。この相違は、おもに電位差というものによって生じるのだが、ほかにもさまざまな要素が関係している。ここでは、前章で述べた、良い音を得るためには電源に配慮しなければならない、という法則めいたものを思い出していただければよい。

この作業は、機器の電源スイッチをオフにしておこなうこと。また体調の良いときにおこなうこと。もし違いがわからなくても、くよくよすることはない。機種によっては違いのわからない場合もあるし、そもそも一体型オーディオシステムの電源プラグの向きは、あてずっぽうでさしこんでも五〇％の確率で正しいのだ。だが、機器が二台になると、無作為にさしこんだすべての電源プラグの向きが正しい確率は二五％になり、三台で一二・五％、四台で六・二五％にまで下落する。ここに、複雑なオーディオシステムほど使いこなしが難しくなる要因のひとつがある。

いま私は、電源プラグの向きが正しい状態の音を「正しい」とした。なぜならば、オーディオ機器は正しい使いかたをされたときに、所期の性能が得られるようになっているからである。事実、私は正しい状態で得られた音を、良いと感じる。だが、人には好みがある。正しい状態で得られた音を良くないと判定するかたがいらしても不思議ではない。ステレオ音場が伸びやかではなく、音がすっきりしていないほうが、渋くてガッツがあって良い、などと感じるかたもおられることであろう。しかし、これはセオリーを外《はず》した一種の反則であり、本来の状態から音が変わった状態であることを認識しておいてほしい。そうすれば迷いが生じたときに、すぐに正しい状態に立ち返ることができる。

音を変化させるのは電源のとりかただけではない。一体型でもセパレート型でも、オーディオ機器はセッティングによって音が変わる。

ここで試しに、ラジカセの下に布類を詰めたビニール袋のようなものを敷いてみていただきたい。なんとなくヤワな音、響きの少ない音になりはしないだろうか。もとにもどしたほうが音は良いと感じるはずである。オーディオ機器はしっかりしたものの上に置いたほうが音は良くなるのだ。蓄音器やモジュラーステレオは、通常、床にセッティングする。だが、ラジカセ等を床に直置《じかお》きするのは好ましくない。なるべくなら、本体が目線の少し下あたりにくるようセッティングする。これはミニコンポ等の単体スピーカーについても同様である。耳の高さとスピーカーの高さが極端に異ならないほうが、音は良いと感じられるのだ。

何の上にセッティングするかによっても音は変わってくる。ラジカセはテーブルか、チェストか、ラックの棚板の上などに置かれているケースが多い。テーブルやチェストの上ではステレオ音場が比較的伸びやかなのに対して、ラックのなかだとステレオ音場があまり感じられず、そのかわり低音が伸びる。スピーカーは開けた空間にあると音の放射が自然で、壁に近づけると低音が出やすくなるのだ。

置き台の材質によっても音は変化する。筐体のつくりと同様、置き台の材質も音に影響するのである。ガラス板の上に置けば、ワイングラスを指ではじいたような透明感のある響きが音に乗り、木材の上に置けば、拍子木《ひょうしぎ》や木魚のようなカラリとしてどこか暖かみのある感じの響きが乗る。だが、これらは好みとの関係で論じるべき問題なのだ。電源プラグの向きが正しいと音は良いとか、しっかりしたセッティングのほうが音は良い、といったセオリーは成り立つとしても、○○の上にオーディオ機器を置くと音が良くなる、という一般論は成立しないのである。

ひところ、コルクのキューブをスピーカーの下に敷くと音が良くなる、という噂があった。おもにこの噂は、比較的大型でありながらも床への直置きが好ましくないスピーカーのオーナーのあいだでささやかれていた。なるほど、ある種のスピーカーを、一辺が一〇センチ程度の正六面体で三点もしくは四点支持すると、低音の解像度が高まり、音が良くなるケースもある。しかも正六面体の材質がコルクだと、ワインのコルクを指で押したときのような弾力のある響きが付加され、低音がぐんと伸びたような感じがする。しかし、スピーカーを床から浮かすことと、正六面体の材質がコルクであることとには、直接の因果関係はない。しかも、前者は特定のジャンルのスピーカーをじょうずに鳴らすためのテクニックのひとつではあるが、普遍的な真理ではなく、後者は単なる好みの問題にすぎないのだ。

また、パワーアンプのヒートシンク(トランジスタ等の素子が発生させる熱を逃がすためのフィン)に、ある種の金属の延べ棒を載せると音が良くなるという説もあったようだ。たしかに、アンプのヒートシンクや筐体の天板《てんばん》に何らかの金属の塊をのせると、ヒートシンクの剛性が高まるために余計な共振が抑制され、きっちりした音になる場合もある。しかし、これはオーディオ機器の正しい使いかたではない。なぜならば、大半のアンプ等は、ボディのどこかに金属の延べ棒を「載せないことを前提として」設計されているので、どこかに余計な重量がかかると、トライアングルを手で保持して叩いたような鈍い響きが乗ってしまうケースも出てくるからである。百歩ゆずって、ヒートシンクへの加重が特定の傾向をもつアンプをうまく動作させるチューニングのひとつだったとしても、それは一般論ではなく、ひとつの対症療法のようなものにすぎないのだ。

さらには、電源ケーブルやラインケーブルの被覆《ひふく》等の部分に、ある種の合成樹脂をもちいると音が良くなる、という説もあるらしい。なるほど、ケーブルというものは、導体はもちろんのこと、絶縁体の材質を変更しても音は変化する。たしかに、ある種の合成樹脂は制振効果が高く、これをケーブルやオーディオ機器の要所にもちいたときの音の変化は大きい。だが、××という合成樹脂をもちいたケーブル等は音が良い、という一般論は成り立たないのである。

これら「△△をすると音が良くなる」説は、電源やセッティングの基本原則と異なって、いわば各論的な「音が変わること」なのだ。とくにここに挙げた例などは事実の断片か、もしくは俗信迷信の類いにすぎない。しかしながら、オーディオ機器の設計製造や、オーディオシステムのチューニングには、音の変わる要素が無数に存在するわけで、それらを認識し選択することとの集積によって、音は良くなるのである。ちょっと話が先走ったが、ここにオーディオのおもしろさがある。そして、認識と選択をつくり手に任せ、原則的な使いこなしをするだけで良い音が得られるのが、すぐれた一体型オーディオシステムなのだ。

では、くだんのアンティークショップで私が聴いたラジカセは良い音だったのだろうか。いまとなっては電源プラグの向きがどうなっていたのかは知るよしもないが、正解率は五分五分だ（バッテリーで動いていた可能性もある）。また、例のチェストはひじょうに堅牢なつくりで、ラジカセが都合よく目線よりもちょっと下にくる高さだった。しかもチェストはバッハの「同時代人」。古色のついた材質の響きが音に乗り、バッハのリュート曲がなんとなくそれらしく聴こえた可能性は十分にある。だが、チェスト本体は手に入れたものの、アンティークショップで最初に聴いたときの音を、私はいまだに再現していない。

オーディオ機器の音の良し悪しは、機器本体の性能と使いこなしによって決まる。だが耳で聴く音は、それ以外のさまざまな要因によっても変化する。それは聴く側の心理状況にもよるし、その場の雰囲気も大いに関係する。不思議なことではあるが、ボタンを押した人物によっても音の聴こえかたは左右される。オーディオの音の変化は、電気工学や機械工学の理屈では説明できない、いわば心理学的・文化人類学的な領域でも起こりうるのだ。ここに、迷信俗信の生じやすい土壌があり、ある地域におけるオーディオの音は、その地域で好まれる麵の種類に影響されるという、私の珍説の論拠がある。

音楽は心で聴け

ボーズ社の Wave Radio/CD(A 氏所有のもの).

友人のAが、ボーズ(BOSE)のWave Radio/CD(以下・Radio/CD)を買おうと思うのだがどんなものだろうか、と訊いてきた。彼はオーディオマニアでもなんでもなく、いやそれどころか実用以上の領域に踏み込もうとすらしない、オーディオは音楽を聴くための完全実用品と考えている人物である。

ボーズのRadio/CDは、米国系国際オーディオメーカーのボーズ社が、もともと本格的なFMステレオラジオとして開発したモデルに、CD再生機能を付加した一体型オーディオシステムだ。トポロジー的にはCDラジカセから録音再生機能を省いたものではあるが、はじめからカセットを備えていないことからみて、よりピュアな一体型オーディオシステムと位置づけることができる。筐体はプラスチック。サイズは比較的小型のプリメインアンプ程度。そのなかに左右のスピーカー、アンプ、CDプレーヤー、ラジオが組み込まれている。

CD機能が付加される前の音は、いろいろなところで聴いて知っていた。そのサウンドは、ありきたりなラジカセを大幅に凌駕していた。だが、Aから相談をうけた時点では、CD再生機能を付加した状態の音を知らなかった。一体型システムは、総合的な設計をおこなっているので、ちょっとした変更で音が激変する。Aには、こんど正式にテストする機会があるから、それまでしばらく待ってくれ、と答えた。ところが即断即決の男であるAは、私の公式回答を待たずにRadio/CDを注文してしまった。私は内心Aを、オーディオのわからんやつだなと思った。

それからしばらくして、私はRadio/CDを自宅でテストした。音は、良かった。ラジオ機能だけのモデルよりも重量が増えたせいか、もともと筐体サイズのわりにはよく出る低音に、風格のようなものがついてきている。また、このクラスとしては異例なほどステレオイメージが精密なのだが、それでいて聴き疲れがしない。これはいわゆるひとつの「癒し系」サウンドであるなと、私は結論した。

Aの家に遊びに行くと、Radio/CDは居間のブラウン管式テレビの上に、付属の人造大理石板を介して鎮座していた。私は再び思った。オーディオのわからんやつめ。ブラウン管式のテレビは内部に空洞部分が多く、しかもプラスチック製で剛性が低いため、オーディオ機器の置き台としてふさわしくないのだ。テレビについているスピーカーも悪影響をあたえる。これで良い音の出るはずがない。

テレビの上の Wave Radio/CD(A 氏宅にて).

AがCDをかけてくれた。音は、良かった。私が自宅でテストしたときよりよほど良かった。私の出した音は「癒し系」だったが、Aの出していた音は、よりアグレッシブで精密度が高かった。これは機械のあたりはずれではなく、Aの使いこなしによるものであろう。私はしばし茫然として、Aの鳴らすRadio/CDの音に耳を傾けていた。

Aの使いこなしを分析してみよう。テレビ上のRadio/CDは、ちょうど目線のやや下というベストポジションにある。テレビはテーブルやチェストよりも天板の面積がすくないので、天板による音の反射がすくなく、Radio/CDがあたかも専用に設計されたスタンドに載ったような状態になっている。私の危惧したテレビの筐体の特性による影響は感じられなかった。むしろ、空洞の響きを利用して、豊かな低音を得ていた。さらには、双方の筐体がプラスチックであることが良く作用したのか、音にプラスチック臭がほとんど感じられない。音質は澄んでおり、チェックはしなかったが、コンセントの向きは正しかったものと思われる。この音は、クオリティの面で一体型オーディオシステムを超えるものではないが、単なる一個人の好みではなく普遍的に良い音といえるものだ。ただし、これはRadio/CDの絶対的な使いこなしによる音の良さではなく、A家の居間の音響特性と偶然にもよくマッチしていたがゆえのものであり、さらにいえばそこにAが存在していたからこそ、この音が出たのであろう。

　私は、Aをオーディオのわからんやつときめつけた自分の不明を恥じるとともに、なまじのオーディオマニアよりよほど機械の使いこなしのうまいAの音楽の才に敬服した。そもそもAはオーディオへの興味をもたぬものの、音楽についての知識は私と同等、いやそれ以上なのだ。私はAに、なぜRadio/CDが良いと思ったのか、と訊ねた。Aは、まあなんとなく形が良いと思ったから、と答えた。見た目の好ましい機器は、音を聴いても好ましく感じられる可能性が高いというオーディオのセオリーを、Aが知っているはずはないのだが……。

　しかし、Radio/CDから出る音の細部の解像度は、オーディオマニアたる私のメインシステムの敵ではないとも思った。しょせんラジカセと五十歩百歩の一体型システムでは、音楽のディテールはわからないのだ。ところがである。たしかに一体型では音楽の細かいところは出ないものの、音楽の骨格については、オーディオマニアご自慢の最新鋭システムも、シンプルな一体型もそう違いはないことがだんだんわかってきたのである。

　Aと私は演奏の良いCDや歴史的な価値の高いCDをみつけると、感想文を電子メールでやりとりする。中学生みたいな所業だと笑われるかもしれないが、まあ趣味をやっているときのオトコというやつは、いくつになっても子供みたいなものなのだ。Aは、オーディオよりコンサートのチケットに投資したほうが有意義という信念の持ち主だが、レコードを聴く耳もなかなか大したものである。いつも的確な評価をくだし、大外しすることはほとんどない。そしてRadio/CDを手に入れて以来、AのCD評はいっそうの冴えをみせるようになった。

Aは、どのような演奏であるかを述べるのに、けして音楽用語をもちいない。たとえばロシアのオーケストラの力感を表現するとき、私なら「弦楽器セクションの荒々しいボウイングの上に、ヴィヴラートの振幅の大きい管楽器セクションが乗ることで、ダイナミクスの幅がより広く感じられる」とかなんとか書くのに対して、彼は「ソビエト陸軍の重戦車軍団が侵攻してくるような演奏」と喝破する。どちらの評論がすぐれているかは一目瞭然であろう。

私はいつしか、Aの音楽批評とあらえびすのそれを重ね合わせていた。あらえびすは野村胡堂《こどう》(一八八二〜一九六三)の別号。時代小説『銭形平次捕物控《ぜにがたへいじとりものひかえ》』の作者といったほうがなじみぶかいかもしれない。野村胡堂は小説家にして新聞記者で、かつまたレコード批評家であった。レコード批評家あらえびすの代表的な著作としては『名曲決定盤・上下』(中公文庫)が挙げられよう。その音楽批評は、音楽という特殊原語のありかたを、普通人の言葉をもちいて、的確に、しかも薫り高く伝えるものであった。

あらえびすが『名曲決定盤』の稿を記していた時代は、ステレオはおろかモノラルのLPレコードすら存在しなかった。彼はSPレコードで西洋の音楽と演奏家のすべてを把握していた。たしかにSPレコードは切れば血の出るような生々しい音質を有する。しかし、そのサウンドの解像度は現代のオーディオシステムに遠くおよばない。にもかかわらず、あらえびすの音楽評はまことに正鵠《せいこく》を射ていた。きわめて高い音の解像力をもつ現代のオーディオシステムで音楽を聴いて、私たちは何を得たのだろうか。私の書くものを含めて、現代のレコード評／演奏評は枝葉末節にばかりこだわっていておもしろくないのだ。

だからといって、Radio/CDのような小型機が万能のオーディオシステムだとはいえない。あらえびすが生きた時代のクレデンザやデコラに較べると、Radio/CDに代表される現代の一体型オーディオシステムは高級感がないのだ。人によってはオモチャとみなすであろう。だが、一体型オーディオシステムは、音楽の勘所《かんどころ》を描き出すという一点において、最新鋭の高級システムを凌駕しているようにも思う。そういった一体型システムの利点を無意識のうちに認め、AはRadio/CDを選択したのかもしれない。

　では、ラジカセでシリアスな音楽は聴けるのか。私は、よほどの僥倖にめぐまれないかぎり、ありきたりなラジカセでクラシックのような複雑な音楽を聴いても、大きな感動は得られないように思う。だが、ありきたりなラジカセを超えるようなすぐれた一体型オーディオシステムなら、凝りに凝ったオーディオより音の解像度は劣るといえども、音楽は十分にわかる。音楽は頭脳ではなく、心で聴くものなのだから。

第三章　ミニコンポは必要十分な装置か

ミニコンポの系譜

日本国はデンキの国である。家電の国である。電気の街、秋葉原を歩けば、さまざまな電気製品がいやでも目にとびこんでくる。日本国のメーカー各社はさまざまなミニコンポ、すなわち小型のシステムコンポーネンツを生産している。なにしろデンキの国の品である。仕事にそつはない。実用のオーディオ製品としては十分である。ところが実用以上のミニコンポを探すと、これがなかなかみあたらない。

この背後には、私たち日本国のユーザーとメーカーのあいだに、実用以上のオーディオはマニアの領域、という暗黙・無意識裡の合意があったのではないかと、私は愚考する。

私たちの先祖は、おもにレコードで洋楽に接した。ライブ演奏も聴けないことはなかったが、楽器をたしなまない一般人にとって、体系的な洋楽の知識はレコードを通じて得るしかなかった。彼らはレコードを神のように崇《あが》め奉った。レコードを生《ナマ》の代用品とは心情的に考えたくなかった。だが、たまにライブを聴くと、蓄音器やモジュラー型ステレオとの差異に、先人たちは愕然とした。そこに「原音再生」という共同幻想が生じた。この幻想はいまでも脈々と受け継がれていて、私たちは「原音に忠実」のひとことを聞くと、ついついころりと騙される。

たしかに原音再生という概念は、オーディオ技術の究極の夢ではある。だが、考えてもみてほしい。いかなるリッチマンでも百畳がせいぜいのリスニングルームに、コンサートホールの巨大な空間とまったく同じものを、はたして出現させることができるだろうか。だが、原音再生幻想は物理特性至上主義を生み、日本国におけるふつうの人々のオーディオシステムはオーディオマニア的拡大化の一途をたどった。

もうひとつ、敗戦から高度経済成長期にかけて、私たちがインテリアに無頓着だったこともオーディオマニアを生みやすい環境を形成した。前述のデコラのような美的センスあふれる一体型システムと異なり、大掛かりなセパレートタイプのオーディオ機器を家庭に持ち込むと、インテリアの美は損なわれる。住空間を犠牲にすることなく、機器を入れることによって、むしろインテリアの美を高めるのがオーディオ趣味人の腕のみせ所ではあるのだが、これはなかなか難しい。だが、室内の美さえ勘案しなければ、オーディオ機器を持ち込んでもあまり支障はない。これらの状況が相俟って、日本国におけるオーディオブームは形成されたようにも思われる。

日本国のオーディオブームはいつ頃だったのか。これは一概に特定できないが、オーディオが広く一般に普及したのは、一九六〇年代の後半から一九八〇年代の初頭にかけてだったように思う。その頃の日本国居住者は、音楽好きな人々も、そうでない人々も、こぞって本格的なセパレートオーディオシステムを買い揃えた。国内メーカー各社はオーディオ市場にこぞって参入した。熾烈な過当競争が繰り広げられたのはいうまでもない。それを象徴する出来事が、一九八〇年代初頭に勃発した、いわゆる598戦争だった。五万九八〇〇円のスピーカーの市場占有率獲得合戦である。これは外野席から観戦するぶんにはおもしろかったが、各メーカーにとっては大きな負担になったのではなかろうか。なにしろ、ゴッキュッパのスピーカーに数十万円のモデルに匹敵する物理特性的スペックをもたせたのだから。ハイスペックを無理矢理につめこまれたゴッキュッパのスピーカーは、けして良い音ではなかった。過当競争のばからしさに気づいた多くの企業は、一部のオーディオ志向のメーカーを除き、相次いで市場から撤退することになる。

　ではなぜ国内のメーカーは、五万九八〇〇円のスピーカーに無茶なスペックを投入したのだろう。そこには原音再生の幻想の影が見え隠れしている。日本国のオーディオ興隆期に、メーカーの技術者の多くは原音と再生音の差異を数値でしか見なかった。みかけの数値が良好ならば、原音に近い音が再生できるものと考えていた。そのため激しい物理特性のスペック競争が起こったのである。だが、よくよく考えてみれば、パッケージソフトを録音・製作・再生する過程でさまざまな損失が起こるオーディオ技術の枠組みのなかでは、もとのままの音など出せるわけがないのだ。たしかに物理特性は、オーディオの根幹をなす要素ではある。オーディオが発展する過程では、物理特性を良くすることが、すなわち良い音につながっていた。だが、私たちが良い音と感じる状態は、物理特性のみならず、心理学や文化人類学の領域とも密接に関係しているのである。

　いっぽう、海外の、とくにヨーロッパの技術者は、原音再生を金科玉条のようには捉えていなかった。あたりまえの話だが、彼らは先祖代々洋楽に親しんできた。たとえば、ヨーロッパでは、どんな田舎でも村の教会にパイプオルガンがある。かなりしょぼいパイプオルガンでも、ものすごい音がする。町の大きな教会にある本格の楽器では、ペダルの音

タンノイ社の伝統的なフォルムをもつスピーカー，ターンベリー(写真協力：ティアック(株))．

が天地を揺るがす。こういう壮麗な音を、ちっぽけなオーディオ装置でそのまま再現するのは、どう考えても無理である。原音再生が不可能であることを体で知っていたヨーロッパの技術者たちは、むしろ「それらしい」音を目指した。

それらしい音を志向した代表的なスピーカーメーカーが、英国(正確にはスコットランド)のタンノイ(Tannoy)である。タンノイは一九五〇年代から民生用スピーカーをつくりつづけており、現在でも音楽ファンに人気が高い。スピーカーユニットは、高域と低域の振動板を同軸に配した同社独特のもの。そのユニットが、高度な木工技術による家具調のエンクロージュア(つまりスピーカーの箱ですな)に収められている。タンノイの伝統的なスピーカーの音は、現代の最新モデルに較べると物理特性的にやや遅れをとっているといわざるをえないが、実際に聴くとまことに本物っぽい。測定器的な耳で冷静に聴くと、エンクロージュアが不要共振を発生しているのがわかるのだが、しかし楽しんで音楽を聴くのに耳を測定器的にしてどうする。同社のモデルはクラシックに良く、アコースティックなジャズに良く、一部のロックにもよろしい。エリック・クラプトンなどを聴くと、なかなか感動する。

またしても話がやや脱線したが、例の598戦争が終結するのと期を同じくして、CDというものが世の中にあらわれた。CDはディジタル方式だからプレーヤーによって音の差はない、と各メーカーは主張した。実はそんなことはぜんぜんなく、プレーヤーの出来次第でCDの音はいかようにも良くなることが判明するのだが、ともかくCDの出現によって、それまでレコードプレーヤーという「大物」を含んでいたオーディオシステムが、もっと小型化できる可能性が出てきた。いわゆるミニコンポの誕生である。

おりしもバブル経済が始まっていた。おぼえておられるだろうか。まじめな会社員がアルマーニの背広を着、トゥールダルジャンの出店で豪勢な食事をしていた、あの時代を。

しかしながら、この好景気は、他の贅沢産業ほどオーディオ界に恩恵をあたえなかった。オーディオというものはみせびらかし系の贅沢ではなく、心の贅沢である。すでにオーディオを趣味としていた人々の買い換え需要を喚起することはあっても、この種の景気で急速にリッチになった方々にオーディオはうったえかけなかった。また、ふつうの人々もマニア的なオーディオブームにいささかうんざりしていた。

さらには、日本国居住者がインテリアの重要性に気づいたのも、バブル経済の影響である。西洋のように室内装飾家を起用するほどまではいかないものの、それまでインテリアに無頓着だった私たちが、さまざまな贅沢を経験したことで室内の美に目を向けるようになったのだ。前述のように、本格のオーディオシステムとインテリアの共存は難しい。だが、もっと小さなものならなんとかなる。そんな頃にいわゆるミニコンポは登場した。

国内のメーカーは需要に応えて次々とミニコンポを繰りだした。当初はCDプレーヤー部に問題があったりもしたが、二一世紀初頭の現在では、実用品としてきわめて満足すべき水準にまで達している。ところが、実用以上と思われる品にはほとんど心当たりがない。

これは、ミニコンポというジャンルで、日本国のメーカーの伝統技である物理特性重視主義がほとんど使えないからである。ミニコンポはサイズ面からして、とてもではないが原音再生的なサウンドは望めない。つくる側も聴く側も、どこかでかならず妥協をしなければならない。この妥協のなかから良い音を得るのが、日本国のメーカーはあまり上手ではないのに対して、原音再生にこだわらないヨーロッパのメーカーは、妥協しつつ良い音を生成するのが巧いのだ。

ただし、日本国の総合家電メーカーには厳しいコストの制約が課せられていることも考慮しなければならない。端的にいえば、日本製品は安いのだ。いっぽう、海外メーカーの多くはオーディオ専業であって、総合家電メーカーのように数を売る必要がない。自社製品を気に入ってくれた人に買ってもらえればよろしい。いきおいコストの制約は少し緩む。したがって、同じミニコンポというジャンルではあっても、海外のメーカーの品は少し高い。いや、かなり高いと感じるかたもおられるであろう。

しかし、ここでオーディオの大原則を述べてしまうが、オーディオというものは、何かを得ると、かならず何かを失うのである。ミニコンポでいえば、実用以上の音を得ると、お金を失う。それを善しとするか否かは、あなたの判断にかかっている。

ミニコンポから良い音を出そう

いわゆるミニコンポと一体型オーディオシステムの最大の差。それはスピーカーのセッティングが自由にできるか否かである。そしてスピーカーのセッティングのしかたによって、システムの音はさまざまに変化するのである。微妙なセッティングの詰めによって、良い音をつくっていくのがオーディオの楽しみでもある。ここでは便宜上、一体型CDプレーヤー／アンプ部と小型スピーカー×2で構成される、ごく一般的なミニコンポを手に入れたことを想定して話を進める。

すでにあなたはオーディオ機器の良好なセッティング方法を知っている。電源の正しいとりかたも知っている。スピーカーのセッティングもこれらと大きな違いはない。だが、あなたはもしかすると、ご立腹なさっているかもしれない。ウチのミニコンポの置き場所は、お世辞にも剛性が高いとはいえないふらふらした飾り棚だし、コンセントはもう満杯だから、電源はいわゆるタコ足配線のテーブルタップからとっている。オーディオ機器をしっかりと水平にセッティングし、電源を正しくとることなど誰ができるものか。この本を書いた野郎のいうことは机上の空論だ、と。

そういうあなたは正しい。そして、現状を冷静に観察できることからみて、おそらくオーディオの才能がある。そうなのだ。オーディオ機器の正しい使いこなしは、一般家庭において、そうたやすくはできないのだ。そこをなんとか工夫して、いいかえれば生活の便利さを失って、良い音を得るのがオーディオのよろこびなのである。そして、その過程で良い音を得るためのノウハウを身につけていくのもオーディオの面白味なのだ。高価な機械を買い揃えるのは、お金さえあればできる。だから、むしろたやすい。最悪なのは、本日只今よりオーディオを趣味にするので、工務店にリスニングルームを建てさせ、オーディオ販売店にいちばん高いキカイをもってこさせよう、みたいなやりかただ。これではいつまでたっても良い音は出ない。

以上のことをご理解いただいた上で、ミニコンポのスピーカーのセッティングについて、再び話を進めよう。専用のコンセントはみつかったと仮定する(経験上、たいていの部屋にはいくつかコンセントがついているので、テーブルタップを巧くやりくりすれば、オーディオ専用コンセントは確保できる）。ミニコンポは、飾り棚から剛性の高そうなチェストの上に移したことにしよう。チェストは比較的大型で、幅一五〇センチ、奥行五〇センチ、高さ八〇センチと仮定する。セッティングの段階では、チェストの上にミニコンポ以外のものは載せない。

まずはCDプレーヤー／アンプ部をチェストの中央にセッティングする。次にスピーカーケーブルを用意する。これはミニコンポに付属している場合もあるだろうが、ないことを想定して一五〇センチのものを二本用意する。スピーカーケーブルはオーディオ販売店で売っている、比較的廉価なものでよい。両者の長さは同一であることが大原則だ。長さに余裕をみておくのは、スピーカーのセッティングが変わるかもしれないから。端末処理（つまり電線の皮むきですな）は慎重におこない、酸化を防ぐために導体にはできるだけ手を触れないようにする（清潔な軍手などを装着して作業すると良い）。一般的なケーブルの場合、カッターで端から二センチほどのところに切れ込みを入れ、ひねるようにして被覆《ひふく》を取り除くと導体がバラバラになりにくく、指紋がつきにくい。

次にスピーカーの位置をテキトーに決める。いずれ調整するのだから最初はテキトーで良いのだが、左右の条件はなるべくなら近似させていただきたい。そして、スピーカーケーブルを結線する。ケーブルの左右とプラスとマイナスを間違えないこと(通常、プラスは赤、マイナスは黒で表示される)。それから、ケーブルの被覆をよく見ていただきたい。

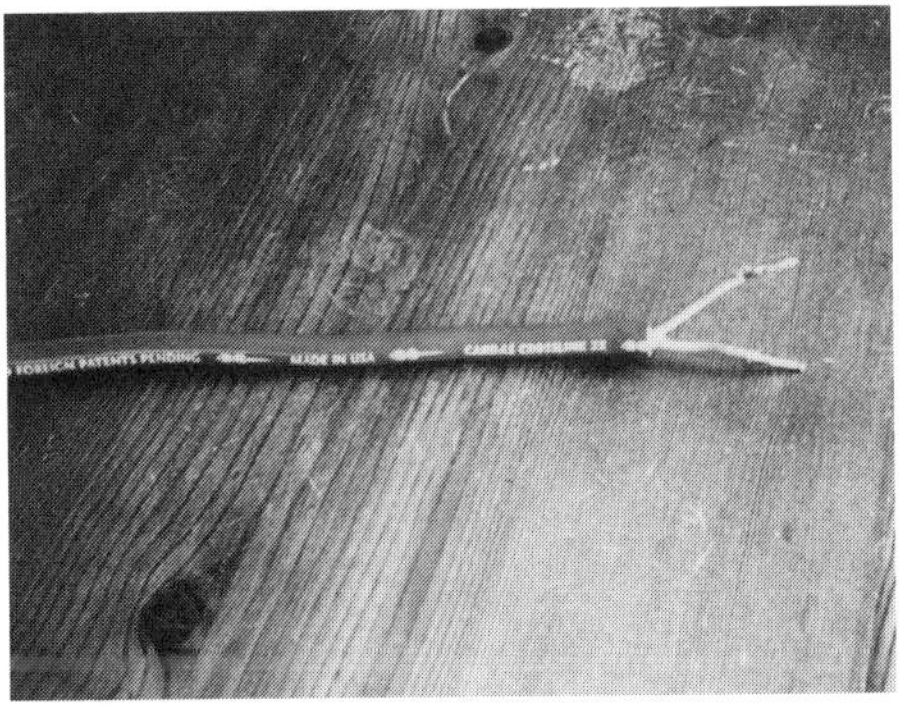
オーディオ・クエスト社のスピーカーケーブル．

ヘッドフォンシステムの項でも述べたが、おそらくは何かの文字が印刷されているはずだ。ここでは文字の始まり側をCDプレーヤー／アンプの端子に、終わり側をスピーカーの端子に接続する。矢印等で方向性が示してあればそれにしたがう。後日、気が向いたら、現状の方向と逆方向の音を聴き較べて、良かったほうを選ぶというのも使いこなしのひとつではある。スピーカーケーブルは、余計な力が加わらない自然な状態にすること。トグロ巻きなどは絶対に不可。ここで電源ケーブルをコンセントに接続する。いまはセッティングと結線をしたばかりで気が立っているので、電源プラグの正しい向きの調査は後日おこなう。この状態で、しばらくは何も考えずに音楽を楽しもう。

だが何日かすると、もっと良い音にしたいという欲が出てくる。そこで電源プラグの向きを、前述の手順にしたがって決める。おそらくは何らかの違いが確認できたのではないだろうか。だが、差異がわからなくても悩む必要はない。繰り返すが、機種によっては違いのわからないこともある。

ここでひとつの実験をしてみよう。電源を切り、左右どちらかいっぽうのスピーカーケーブルのプラスとマイナスを逆にする。電源を入れて、音を聴く。もしもあなたが左右のスピーカーの中央に正対して聴いていたなら、以前はスピーカーの周囲にできていた音の像が、あらぬ方角に移動して奇異な感じがしたはずだ。これは、左右のスピーカーの位相が異なっているからである。

プラスとマイナスを表示通りに接続すると、スピーカーの振動板は、静止した状態から前方向への振幅を起点として動作する(ごく希に逆のケースがある)。プラス/マイナスを逆にすると、後ろ方向への振幅が起点となる。ごくごくおおまかにいうと、これがスピーカーの位相である。前にもちょっと触れたが、左右の音量の差もさることながら、この位相の差によって、ステレオの立体感は得られるのだ。

こんどは、左右両方とも表示とは逆の状態にして聴いてみる(これを逆相という)。いかがだろうか。プラスとマイナスが正しい状態(正相という)よりも、なんとなくステレオの広がりが少なくて地味だが、音の像がはっきりしたような感じがしないだろうか。これを逆相の状態とおぼえておいてほしい。もしも電源プラグの向きの違いがわかっていたら、これであなたは四種類の音の傾向を得たことになる。だが、基本的には正しい状態の音が正しい音であることを認識しておくこと。しつこいようだが、電源プラグの向きやケーブルのプラス／マイナスを逆にしたときのスピーカーの位相の違いがわからなくても、気に病む必要はまったくない。ただ、そういう現象が存在することを知っておくと、オーディオ作法の「フォーム」が良くなるのである。

ここからスピーカーのセッティングをいろいろ変更していく。セッティングによる音の変化を確認するときは、ある程度音量をあげたほうがわかりやすい。まずは、CDプレーヤー／アンプのすぐ脇にスピーカーを配し、スピーカーの前面とチェストの前面が平行に

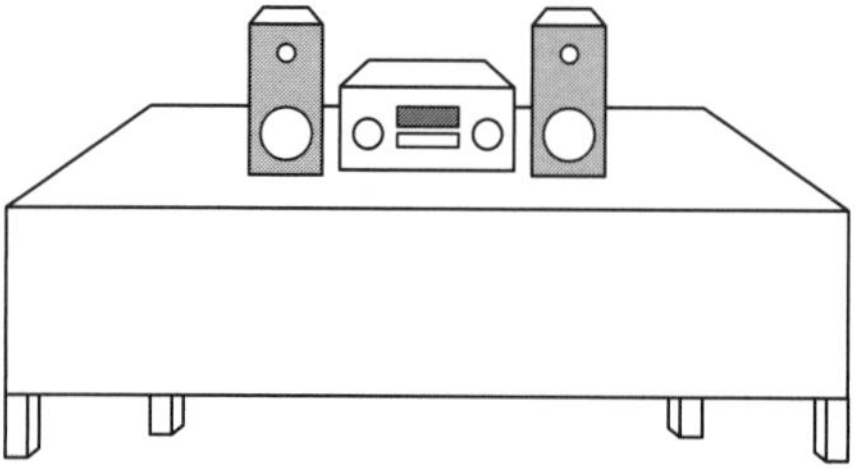

図 1
チェストの前面とスピーカーの前面が平行で，スピーカーの間隔が狭い状態.

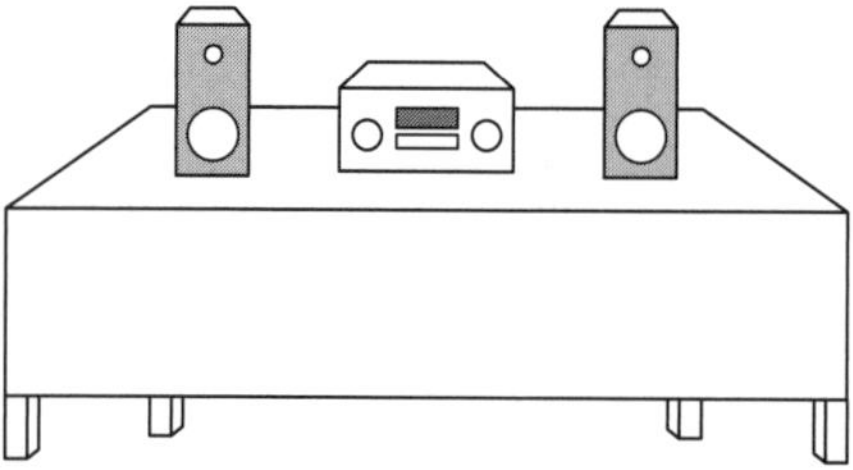

図 2
チェストの前面とスピーカーの前面が平行で，スピーカーの間隔が広い状態.

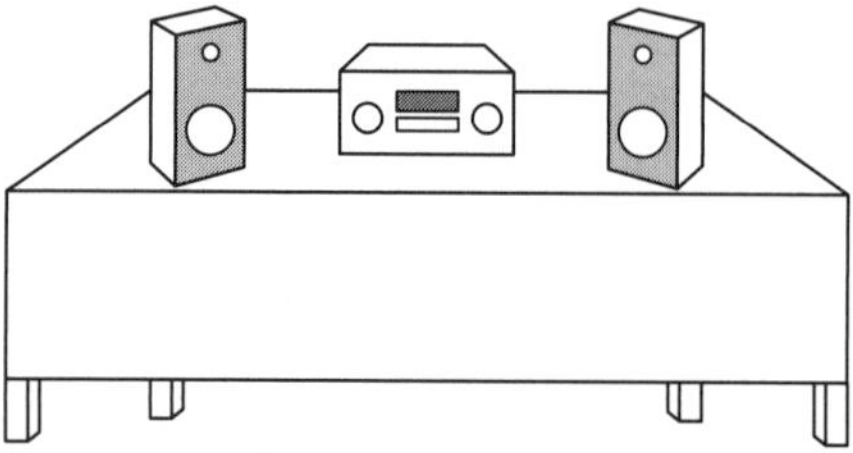

図 3
スピーカーの間隔が広いまま，内振りにした状態.

図 4
スピーカーを内振りにしたまま，間隔を狭めた状態.

なるようにする(図1)。いかがだろうか。このセッティングでは音の広がりが得られないのでは、と予想なさったかたもおられるかもしれないが、意外に広がりがあって、明るく伸びやかな音が聴けたのではないだろうか。では、スピーカーはチェスト前面に平行のまま、少しずつ左右に間隔を広げていく(図2)。音はどんどんすっきりしていくはずだ。しかし、どこかで中央部の音が薄くなる「中抜け」現象が起こるはずである。そこで、スピーカーを内側に向けてみてほしい(図3)。中抜けがある程度解消されたのではないだろうか。次に、スピーカーは内振《うちぶ》りのまま、間隔を狭めてゆく(図4)。内振りセッティングは平行セッティングに較べて、楽器の配置が精密に聴きとれはしないだろうか。だが、左右のスピーカーがCDプレーヤー／アンプに隣接するところまで左右の間隔が狭まると、陰にこもった重苦しい感じになってしまった。

スピーカーは、ある程度間隔を広げたほうがすっきりした音が得やすい(中央にドライブ機器がある場合は、スピーカーからの振動をうけにくくなることも関係している)。また、平行にセッティングするとオープンで明るい音が得られ、内振りにセッティングをすると明晰な音が得られる。この原則がすべての場合にあてはまるわけではないが、一般論

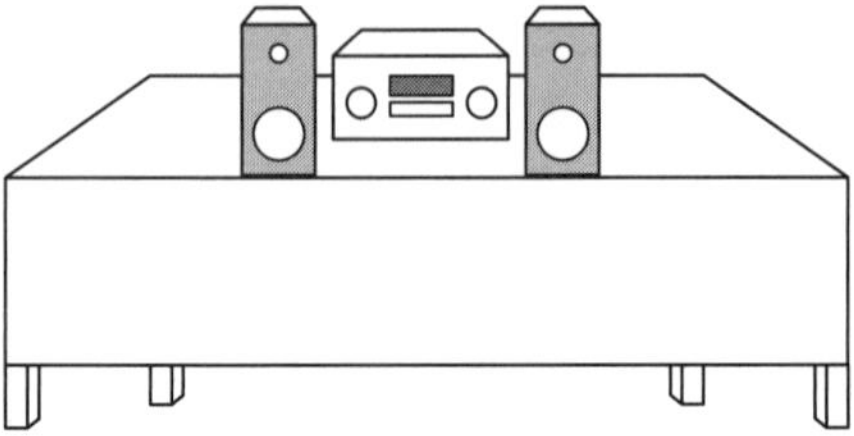

図5
スピーカーをチェストの手前にセッティングした状態.

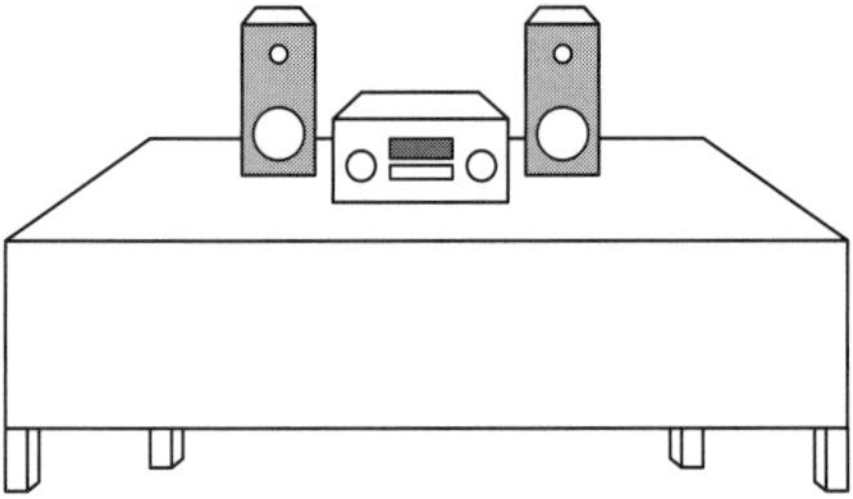

図6
スピーカーを壁に近づけてセッティングした状態.

としておぼえておいてほしい。

ここまでの作業で、すでにあなたはお気に入りのスピーカーの位置を発見しているはずだ。では、その位置からスピーカーを前に出してみてほしい(図5)。おそらくは、ステレオの音場感がより広がって、より明快な音が得られるであろう。こんどは壁に接するまでスピーカーを後ろにずらしていただきたい(図6)。音場感は減少したものの、低音がより多く出るようになったのではないだろうか。前にも簡単に記したが、壁のそばにスピーカーがあると振幅の大きい低い波長の音が壁をつたわるので低音が出やすくなり、壁から離すと周囲の空間が開けることから音の放射が自然になるからである。

以上がスピーカー・セッティングの基本中の基本である。これを正確に知り、正確に実行することができれば、ほとんどのミニコンポ用スピーカーを使いこなすことができる。実用以上クラスのミニコンポなら、十中八九うまく鳴らせるであろう。

だが、好奇心旺盛なあなたは、この本の筆者がちょっと触れていたコルクのキューブでスピーカーを浮かす云々を思い出して、すでに試してみたかもしれない。音の変化は明確に聴きとれたであろう。興味がおありなら、さまざまなものでスピーカーをフロートさせてみるのもいい。ゴム、ガラス、銅、真鍮《しんちゅう》、アルミニウム、クリスタル、金属製円錐、スパイク、スパイクの受け皿、等々。これらは一見特殊そうだが、現代社会はその特殊なものが、オーディオショップかさもなければ東急ハンズのようなところで手に入る仕組みになっている。もしかすると、どれかがあなたのシステムとそのセッティングの状況にフィットして、ひじょうに良い音が得られるかもしれない。だが、ここで思い出していただきたい。それは音の変化が偶然にも良く作用しただけであって、××をスピーカーの下に敷くと音が良くなる、という普遍的原則は成り立たないのである。なぜ、こんなことをしつこく申し上げるかというと、特殊現象と一般原則とを取り違えると、そのことに執着するあまり、ニュートラルなオーディオ作法ができなくなるからである。

これらすべてのことがらを実地に研究したあなたは、ミニコンポからすばらしい音を引き出しておられるであろう。さよう。正しい使いこなしをほどこされたミニコンポは、必要十分な、いやそれ以上の存在なのだ。だが、ある日、あなたは現状の音に満足しなくなった自分を発見するかもしれない。そのときは、どうか躊躇《ためら》わないで最も好きなスピーカーを購入していただきたい。そこから本当のオーディオ趣味は始まる。

思想別・ミニコンポ購入ガイド

では、どんなミニコンポを購入したらいいのか。それは、あなたがオーディオに何をもとめるかによって決まってくる。おおげさないいかたをすれば、あなたの思想があなたにミニコンポの機種を選定させるのだ。むろん、大掛かりなセパレートコンポーネントでもオーナーの思想は機種選定に大きく影響する。だがミニコンポは、一体型オーディオシステムと同様、システムがそれ自身で完結していることから、ユーザーの思想は製品との直接対決を迫られるのだ。

本書の冒頭に記したように、ミニコンポは実用以内の品で十分だとお考えのかたには、どうぞ日本国のメーカー製の適当な価格の製品をおもとめくださいと、私は助言する。私は実用以内のオーディオシステムを使用する人をけして軽蔑しない。いやそれどころか、むしろ尊敬さえする。オーディオシステムがないと手も足も出ない私と異なって、彼らはオーディオなしでも人生をやっていけるのだから。もっとも、実用以内オーディオ主義者は本書をここまで読んではいないだろうから、持ち上げたところで何がどうなるものでもないのだが。

では、実用以内と実用以上のミニコンポは、どこで見分ければいいのか。本書をここまで読んでくださった実用以上オーディオ主義者のあなたにとって、これは重大な関心事であろう。ずばりいおう。ミニコンポは総重量十数キログラムを境として、実用の重力圏内を離脱しはじめる。まあ、単に重ければいいというものではないのだが、これはひとつの目安にはなる。いわゆる「お持ち帰り」の利便性よりも「品質」に重点をおいたミニコンポは、重くなって当然なのだ。高性能な電源トランスは重い。しっかりした筐体は重い。不要共振を抑制したスピーカーのユニットやエンクロージュアは重い。重いということは、すなわちコストがかかっているわけで、それをあえてするということはメーカーに自信があるからだ。

実用以上のミニコンポは、いくつかのグループに分類することができる。

もしもあなたが将来スピーカーを変更する可能性のあるシステム進化主義者か、いわゆる普通のステレオ音が好きなステレオ保守主義者なら、私は汎用型ミニコンポをお勧めする。汎用型ミニコンポは、CDプレーヤーとアンプを一体化したエレクトロニクス部と、通常のタイプのスピーカー×2から構成される。エレクトロニクス部にはチューナーが組み込まれているケースがほとんどで、録音こそできないが、これ一台で日常の音楽鑑賞の用は足りるはずだ(同一の意匠でMDデッキ等が用意されるモデルもある)。

汎用型はエレクトロニクス部にパワーアンプを内蔵していることから、セットになっているもの以外のスピーカーをドライブすることもできる。とりあえずセットで購入しておいて、後から気に入ったスピーカーがみつかった場合、エレクトロニクス部はそのまま使用することが可能だ。また、エレクトロニクス部のみを単体で販売しているケースもあるので、好きなスピーカーはみつかったものの、本格的なセパレートシステムを組むには予算が足りないときにも心強い。

汎用型ミニコンポは、総じて奇異さのない常識的なステレオ音が得られるのだが、音の傾向には大きく分けて二通りある。すなわち「癒し系」と「追求系」である。前者の音は聴き疲れがせず、音楽の流れをつかむのに向いている。いっぽう後者は、音の細部を積極的に聴かせる設計とチューニングがほどこされており、音楽の構造が比較的理解しやすい。まあ、このあたりは販売店で試聴をして、ご自分の耳で選んでいただきたい。もしも迷ったら、エレクトロニクス部のリアパネルを見せてもらい、スピーカーケーブルの接続端子のしっかりしたものを選ぶ。

もしもあなたがミニコンポにとりたてて発展性をもとめない完結主義者か、従来のステレオという概念にとらわれない開明主義者なら、３Ｄタイプのモデルを選択肢のなかに入れていただきたい。３Ｄとは、ひとつの低音専用スピーカー（サブウーファーと呼ぶ）と、二つの高音専用スピーカー（サテライトスピーカーと呼ぶ）でステレオ音を得る方式だ。それでは半分モノラルではないかといぶかる向きもあるかもしれないが、低音というものは方向性があまり感じられないので、スピーカーはひとつでもあまり支障はないのである。低音を出す必要のないサテライトスピーカーは、かなり小さく設計できることから、スピーカーのエンクロージュアにつきまとう音の回折《かいせつ》が抑制できるので、精密なステレオの音場感が得やすい。また、サブウーファーが低音専用に設計されているので、当然のことながら低音はよく出る。

3Dシステムは、CDプレーヤー(とチューナー)機能を含むコントロール部で得た信号を、サブウーファーに内蔵されたアンプで増幅し、サブウーファーとサテライトスピーカーを駆動するのが一般的だ。したがって、システムのパーツを入れ替えることはできない。しかしながら、そこから得られる音はなかなかクオリティが高い。使いこなしのポイントは、サテライトスピーカーの周囲に開けた空間をつくることと、サブウーファーを適切にセッティングすること。サブウーファーはサテライトスピーカーの中央に置くよりも、左右どちらかに寄せたほうが、良い結果が得られる場合もある。

もしもあなたがさらなる進歩主義者か、もしくは映画愛好主義者なら、5・1チャンネルタイプのミニコンポを推薦する。ミニコンポ級の5・1チャンネルシステムは、3Dのサテライトスピーカーを五本にしたものと考えていい。5・1の5は、五本のサテライトスピーカーを意味し、フロント側の左・中央・右、リア側の左・右から構成される。5・1の「・1」は一台のサブウーファーを意味する。これは後述のホームシアターとも関係の深い方式で、コントロール部にDVDプレーヤーを装備したものが主流になりつつある。むろんCDも再生できるわけで、CDのステレオ2チャンネル音声が、五本のサテライトスピーカーとサブウーファーに振り分けられる仕組みになっている。その豊かな臨場感は、通常の2チャンネルオーディオではなかなか得られぬもの。多チャンネル収録が可能なDVD-オーディオやSACDといった高品位フォーマットの普及とともに、この方式はよりスタンダードになっていくであろう。

5・1チャンネルシステム最大のアドバンテージは、映画の音声が再生できること。これにテレビ(もしくはプロジェクターとスクリーン)を組み合わせれば、手軽なホームシアターが完成する。使いこなしのポイントは、五本のサテライトスピーカーのセッティング条件を揃えること。ただし、センタースピーカーの理想的セッティング位置がテレビと重なることから、全チャンネルを同一条件にすることは事実上できない。もっとも、ミニコンポ級の5・1チャンネルでは、さほど厳密なセッティングは必要ないかもしれないのだが。

もしもあなたがミニコンポの外観と音質に高度な美学をもとめる視覚的聴覚的審美主義者で、しかもとりたててシステムを発展させるつもりのない完結主義者なら、ヨーロッパ製のアクティブスピーカー式のミニコンポをお勧めする。アクティブスピーカーというのはスピーカーのエンクロージュアのなかにドライブアンプを内蔵しているもの。この方式は、スピーカーとアンプのマッチングをとりやすいので、理想的に設計できることから、一体型オーディオシステムと同様、トータル的な音づくりがしやすい。

この種のアクティブ型スピーカーをもちいたミニコンポで最も有名なのが、ウォークマンの項でも述べたB&Oだ。同社の創立は一九二〇年代に遡る。当初は当時の最新メディアだったラジオの製造を手がけており、一九六〇年代まではハイセンスなラジオをつくるメーカーとして、一部の通人に知られていたが、一九七〇年代からオーディオ製品の製造を開始し、ラジオ時代よりもよりいっそう磨きのかかったセンスで、音楽／オーディオ愛好家に愛されてきた。

B&Oの製品中ミニコンポと呼べるものは、CDプレーヤー／チューナー／カセットデッキ機能をもつコントロール部のBeoSound Ouvertureと、アクティブ型スピーカーのBeoLab 2500の組み合わせである。そのフォルムは一見、一体型オーディオシステムのようだが、スピーカーは独立したものだ。BeoSound Ouvertureの前面はガラスのカバーがあって、そのなかにCDとカセットテープのドライブメカニズムがある。手をかざすと、ガラスは音もなく左右に開く。このモデルは一体型のように並列に並べて使うのが原則で、しっかりした置き台の上に置き、前後を調整するだけでユーザーの仕事は終わりである。だがそのサウンドは、サイズからは想像がつかないほどの広がりがあり、聴く音楽のジャンルを選ばない。

B&Oのモデルに象徴されるように、ミニコンポは必要にして十分なオーディオシステムである。しかも、単体コンポーネントよりも性能に比して安価であり、複雑な使いこなしに一喜一憂する必要もない。では、金銭的にも労力的にも負荷の多い、セパレートオーディオシステムを構築することには、どんな意味があるのか。

第四章　セパレートシステム構築学

システム構築の社会学

ふつうに音楽を聴く範囲において、実用以上の性能を備えたミニコンポならば、それは必要にして十分な装置である。しかしながら、ミニコンポは完全無欠な存在ではない。スピーカー・アンプ・CDプレーヤーのライフスパンが異なるため、最も短命な部分が修理不能におちいるか陳腐化したとき、ミニコンポの寿命は尽きてしまうからだ。

すぐれた製品にかぎられてはいるが、スピーカーは半世紀前に製造されたものでも、保存状態さえよければ現在でも立派な現役機として通用する。半世紀前のアンプにも、きちんと動作するものがごく少数だが生き残ってはいる。しかし、内部のパーツがオリジナルの状態を保っているケースはまずないだろう。半世紀前のレコードプレーヤーとなると、動作するケースはかなり希になる。しかも当初の性能を保っている可能性はかなり薄い。そもそもレコードプレーヤーでは、現代の主要メディアのCDを聴くことはできないのだ。

オーディオコンポーネントのなかで最も寿命の長いのはスピーカーである。外部のアンプによって駆動される通常のスピーカーは、増幅回路と電源回路をもたないため、発熱がすくないことからパーツの劣化が遅く、メンテナンスを適宜おこなっていれば、一生涯使うことも不可能ではない。いっぽうアンプは電源回路と増幅回路そのものであることから、内部のパーツの消耗は比較的激しく、一生ものというわけにはいかない。これがプレーヤーになると、ディスクドライブメカニズムが回転するものであることから、機械的な摩滅や破損の可能性が高くなってくる。仮に、メンテナンスに気を遣い、大切に使ったとしても、フォーマットそのものが変わってしまってはどうしようもない。先人たちはSPレコードを捨て、LPレコードを処分してきた。いまから思えば、それらは貴重な文化遺産だったのだが。

もしもあなたがオーディオに関して永続主義を掲げるなら、セパレートオーディオシステムを構築することをお勧めする。セパレートシステムは、スピーカー、アンプ、CDプレーヤー等が単体であることから、たとえばCDが主流ではなくなったときでも、スピーカーとアンプは現状のまま、プレーヤーを次世代フォーマット用のものに買い換えることでアップトゥデイト化が図れる。スピーカーに思いきりよく予算を投入し、アンプはとりあえず廉価なもので我慢しておいて、後からグレードアップをすることも可能だ。ただし、セパレートシステムは総合的にみて必ずしも「お買い得」とはいえない。セパレートシステムを保有していると、あの製品が聴いてみたい、この製品に替えたらどうだろうか、といった煩悩《ぼんのう》が次々に噴出して、よほど強靭な精神力の持ち主でもないかぎり、ミニコンポに較べるとけっきょく高いものにつくからである。ただし、長い目でみればこっちのほうが安上がりなんだよ、と配偶者を説得するのには有効かもしれないが。

セパレートシステムの本当のアドバンテージは、むしろ自分の好きな音をつくれることにある。また、本格のセパレートシステムが描く音の広がりや情報量はミニコンポと比較にならない。表向きに永続志向主義者の看板を掲げて、セパレートオーディオシステムを構築しようとしているあなたは、おそらく独自サウンド追求主義者にして相当な機械物件愛好主義者であろう。では、いかにすると独自のサウンドを追求できるのか。

それは特定のスピーカーを好きになることから始まる。逆にいえば、選択したスピーカーによって、オーディオシステムのサウンドの傾向はほぼ決まってしまう。あなたのオーディオシステムの音は、あなたのスピーカーを選択するセンス、美意識、直観力にかかっているのだ。

　では、どんなスピーカーを選べばいいのか。これはもう、お好きなものを選んでいただくしかない。かつてオーディオの世界では、クラシックを聴くならナントカというスピーカーがいいとか、ジャズが好きならカントカというブランドのものが好適、などといった定説があった。昔のスピーカーは、良くいえば個性的、悪くいえば物理特性が良好ではなかったので、こういう説は有効だった。しかし、現在ではこういう紋切り型のカテゴライズは崩壊している。むしろあなたには、ご自分の耳で判断したスピーカーを使っていただきたい。そのためには、販売店の試聴室のようなところで製品の音を聴かせてもらうことになるのだが、しかし、よく計画を立てないで試聴に臨むと、強心臓の持ち主ならともかく、音楽を愛するようなデリケートな精神の所有者の場合、お店のひとに悪いという理由から、往々にして自分が本当に欲しいスピーカーを選べないままシステムづくりに着手するという事態におちいってしまう。であるから、スピーカーのタイプによる音の傾向の違いを把握するなど、事前の調査をおこなっておいたほうがいい。

　ヘッドフォンシステムの項でも記したように、スピーカーは発音方式から大雑把に二種類に分類される。すなわちコンデンサー型とダイナミック型である。前者の音は繊細で、後者の音は力強い。コンデンサー型は振動板に電圧をかけることから、電源が必要である。ここが使いにくいといえば使いにくいのだが、その幽玄な音にハマると、他の方式ではなかなか満足できなくなる。ただし、昨今では、ダイナミック型ではあってもコンデンサー型のようなサウンドの傾向をもつモデルもあり、また、中域から高域をコンデンサー型が受け持ち、低域をダイナミック型が受け持つハイブリッド式のモデルも存在する。

ダイナミック型スピーカーは、さらに二種類に分類される。すなわち、ダイレクトラジエーション型とホーン型である。現在におけるスピーカーの大半はダイレクトラジエーション方式で、そのサウンドの傾向には多くのバリエーションがある。いっぽうホーン型は、一般に、中~高域を受け持つスピーカーユニットに、メガホン形状の「ホーン」がついていることからも推察されるように、大音量が比較的得やすい。そのサウンドは音の輪郭がくっきりしており、まことに明快で、力感にあふれている。

スピーカーは使用するユニットの数によっても分類される。ひとつのスピーカーユニットで全帯域《たいいき》をまかなうものをフルレンジという。二つのユニットが低域と高域を受け持つ方式を2ウェイと呼ぶ。三つで3ウェイ。四つで4ウェイ。五つで5ウェイ。六つで、いや、帯域を六分割した完成型スピーカーの例はほとんどないはずだ。

スピーカーの規模によっても印象は異なってくるのだが、これらの聴感上の印象をざっと記しておこう。ダイナミック型のフルレンジは周波数帯域が狭いので、そのサウンドはやや精細感を欠くものの、音像《おんぞう》のフォルムはまことにナチュラルだ。2ウェイの聴かせる音は概してフルレンジに近似した音像のナチュラルさをもち、しかもフルレンジに較べて周波数帯域が広いので、音に精細感がある。3ウェイになると、さらに周波数帯域が広くなるので、音の精細度に加えて音楽のスケールがより大きくなったような印象をうける。4ウェイは3ウェイをよりいっそう豪華にしたようなサウンドだ。5ウェイになるとさらにゴージャス感は増加するのだが、もはや2ウェイのようなナチュラルさは望めなくなる。オーディオは何かを得ると、かならず何かを失うのだ。

以上、スピーカーの分類についてごくごく初歩的なことがらを述べたけれど、実際に試聴するときは、こういった座学的知識はいったんご破算にして、素直な心でスピーカーの音に立ち向かっていただきたい。

スピーカーを選ぶときは、まず初めにオーディオ雑誌等で情報を十分に集めていただきたい。それからオーディオ販売店をいくつかまわってみる(毎年秋におこなわれる、東京でいえばインターナショナルオーディオショウのようなイベントに足を運ぶのも賢明な方法だ)。そこでは、さまざまなデモンストレーションがおこなわれているだろう。もしも興味のあるスピーカーが展示されていて即座に音の出せる状態だったら、そのスピーカーの音をちょっと聴かせてほしい、と販売員に頼んでみるのもいい(ただし、一回/一〜二機種にとどめたほうが無難)。この作業を繰り返す過程で、あなたはさまざまなタイプのスピーカーがもつ音の傾向を知ることができるだろう。自分がどういうタイプのスピーカーを好むかも、ある程度はっきりしてくるはずだ。そうなった時点で、販売店に公式な試聴を申し入れる。では、どう話をもちかけて試聴させてもらえばいいのか。実はここが、セパレートオーディオシステムを構築する上での最も大切なポイントなのだ。実社会でもそうだが、オーディオの世界でも、能力もさることながら人間関係がものをいうのである。

まずは販売店を選択する。これは、なるべくならオーディオ専門店か、総合家電販売店でも品揃えの多いところを選ぶのが賢明だ。オーディオ専門店でも品揃えが多岐にわたるほうが機種選定の幅が広いし、販売員の商品知識も深い。さて、ここで販売員に声をかけて試聴させてもらいたい旨を伝えるわけだが、ここがオーディオシステム構築と人間関係構築の重要な局面なのだ。

あなたは当初のオーディオ店めぐりの段階で、何人かの販売員と出会っている。そのなかの一人を自分の担当者に選ぶ。ここであなたの人物鑑定眼をフルに働かせなければならない。第一に、信頼できそうな人物であること。お客に対する口のききかたが丁寧かどうかなどはどうでもいい。むしろ、お客の質問等に真剣に対応しているかどうかが重要だ。また、機器を美しくセッティングしている人物は、美的なセンスがあると同時にオーディオの使いこなしをよく知っている。特定のメーカーの製品ばかりを押し付ける人物や、××をすると音が良くなる的な迷信の持ち主は避けよう。あなたの好きなジャンルの音楽ソフトで、あなたの好きな傾向のスピーカーを積極的にデモンストレーションしていればなお良い。彼に、実はこれからオーディオシステムを揃えたいのだが、まずはスピーカーを何にするか決めたいので、何機種か聴かせてもらえないだろうかと頼む。すでに気に入ったスピーカーがいくつかみつかっていれば、その機種名をあげる。おそらく相手は、総額予算を訊いてくるだろう。あなたは心のうちにある予算の二割減程度の数字を告げる(何事につけ、予算というものはかならずオーバーするものですからね)。

オーディオ販売店の内部には、良くも悪くも、ヒエラルキーというものが存在する。販売員の勤続年数や適性によって、あつかう製品のグレードが異なるのだ。あなたの予算がその販売員のあつかうグレードに満たなかった場合、あなたの希望は遠まわしに拒絶されるかもしれない。そのときは縁がなかったものと思って、他をあたろう。では

高級オーディオ販売店の試聴室.

はセッティングいたしましょう、との答えが返ってきたら、礼をいって聴かせてもらう。オーディオの音を聴かせてもらうのは、茶事《ちゃじ》に似ている。聴く側が「客」なら、聴かせるほうは「主人」だ。なお、購入を前提とした本格の試聴は予約制になっているケースもあ

る。

最初は、先方の用意したディスクを聴かせてもらうのが礼儀である(これは友人宅のオーディオシステムの音を聴かせてもらうときも同様である)。それから、持参の「愛聴盤」を聴かせてもらう。短時間でスピーカー音を判断するのはなかなか難しいが、聴きなじんだディスクなら、かなりの確度でそのスピーカーの音が自分に合うかどうかわかるはずだ。販売店でスピーカーの本格試聴をさせてもらうのは、せいぜい三機種くらいにとどめること。セッティングを変更する先方の労力もたいへんだし、あまり機種が多くなると、どれが自分に良いのかわからなくなる。

もしも決心がつかなかったら、選定作業はペンディングにしてもかまわない。ただし、後日、再び試聴をおこなうときは、なるべくなら最初につきあってくれた販売員に頼むようにしていただきたい。他の販売店・販売員に相談すると法に触れるとかそういうことはないが、実際につきあってみてその人物がよほど自分と相性が悪くないかぎり、一度決めた担当者はころころ変更しないのが社会通念上正しいのではないかと、私は愚考する。その意味でも、販売員の選択はコンポーネンツの選定と同様に重大な作業なのだ。

システム構築の経済学

では、セパレートオーディオシステムを構築するには、いったい幾らくらいの予算が必要なのか。これには諸説があるので、一概にしかじかであるとは規定しにくい。そんなことからシステム構築の予算表現には抽象的ないいかたがもちいられる。オーディオは最高の趣味であって、全人生を賭して取り組まなければならない、という説がある。なるほど、私もそう思う。だが、それはマニアの領域である。一般のかたがたには、とてもお勧めできない。私は、セパレートシステムの予算は、クルマの買い換えを一回断念する程度が良いように思う。だが、以前、この主旨の発言をしたら、高すぎるとお叱りをうけた。過去の演奏を再現することのできるオーディオシステムは、一種の時間航行装置であって、単純な二次元的移動手段のクルマよりもよほど手が込んでいるのだが……。

オーディオ入門への投資額を、婚約指輪になぞらえて「給料三か月分」と喝破したのは、オーディオ評論家の朝沼《あさぬま》予《よ》史《し》宏《ひろ》さんであった。これはうまいことをおっしゃる。初任給でも丸々三か月分となると、けっこう魅力的なセパレートシステムを構築することができそうだ。その程度の額なら、ローンを組んでもそう苦しむことはない。ここでは朝沼さんの説を拝借し、ベーシックなセパレートオーディオシステムの予算は、オーナーの三か月分の所得と考えることにする。

では、所得の三か月分をシステムに対してどのように配分したらいいのか。私がオーディオを始めた一九七〇年代のはじめ頃、オーディオシステムは音の入口と出口、すなわちフォノカートリッジとスピーカーにお金をかけろ、といわれていた。この出入口重視主義は、こんにちでも半ば有効である。何度も記してきたように、オーディオとはスピーカーの性能に大きく支配される。だからベーシックなシステムでは、思い切ってスピーカーに予算を割き、CDプレーヤーはあまりケチってもいけないから、アンプを廉価なもので我慢しておいて、いずれグレードアップする。この考えかたは、なかなかクレバーではある。ただし、昔と今ではスピーカーの成り立ちが異なっていることには留意しておいたほうがいい。

おおよその見当でいうと、一九六〇年代までのスピーカーは、小さなエネルギーで大きな音が出た。これはアンプが真空管式で出力が稼げなかったことも関係している。往年のスピーカーは駆動に大きなエネルギーを必要としなかったかわりに、エンクロージュアはやたらに大きく、音のクセも強かった。いっぽう、一九七〇年代から現代へとつらなる技術的パラダイムに属するスピーカーは、小型でありながら周波数帯域が広く、音にクセがないのだが、そのかわりに大きなエネルギーを必要とする。これは、ソリッドステート素子・回路の進歩で、アンプの出力が上昇したことも影響している。

あなたが販売店でスピーカーを試聴するとき、使用されるアンプはそのスピーカーと同格かそれ以上のグレードのモデルであろう。もしかすると、その販売店が音の基準とする、かなりの高級機かもしれない。予算の多くをスピーカーに割いた場合、そのアンプには手が届かない事態もおこりうる。だが、いったん良い音を聴いてしまうと、それ以下の音がつまらなく感じられるのが人間の情というやつだ。さあ、どうする。

その解決法は、あなたの選んだスピーカーのタイプによって若干異なってくる。あらかじめお断りしておくが、以下に述べるのは次善の策であって、必ずしも好結果を生むとはかぎらない。

もしもあなたの選んだスピーカーがコンデンサー型だったとしたら、ソリッドステート式アンプで鳴らそうとすると、かなりお金がかかる。ちょっと技術的な話になるので、興味のない人は読み飛ばしていただいてもかまわないのだが、コンデンサー型スピーカーは、エネルギーそのものはあまり必要としないものの、電力というよりもむしろ電圧で動くので、電流増幅を基本としている一般的なソリッドステート式アンプだと、電流が流れすぎて動作が苦しくなる。大電流が流れてもビクともしないアンプは音の品位も高いが値段も高い。そこで、出力の手前にトランスのある真空管式アンプで、ある程度出力のあるものを使ってみる。真空管式アンプは電圧増幅を基本としているので、コンデンサー型を鳴らしても動作が苦しくならない。したがって、ソリッド

典型的なコンデンサー型スピーカー，マーチン・ローガン社 CLS Ⅱz（写真協力：ステラヴォックス ジャパン(株)）.

現代最高のホーン型スピーカー，JBL S9800（写真協力：ハーマンインターナショナル(株)）.

ステート式に較べて安価なモデルでも使用にたえる。

もしもあなたの選んだスピーカーがホーン型だったなら、あなたは幸いだ。ホーン型スピーカーは、小さなエネルギーで大きな音が得られる。トーキー映画の黎明期から現在に至るまで、映画館で使用されているのもこのタイプのスピーカーだ。一九六〇年代までのスピーカーはホーン型が多く、このことから音の出入口重視主義も生まれた。ホーン型は出力の小さなアンプでも立派に鳴る。ただし、アンプのクオリティには敏感に反応する。したがって、小出力だが信頼性が高く、しかも価格のこなれたアンプを選ぶ。おおよその見当でいうと、ガッシリした古典的なサウンドが好きなら真空管アンプを、すっきりした新しい傾向の音を目指すならソリッドステート機を狙うといい。

もしもあなたがダイレクトラジエーション方式のスピーカーを選んでいたら、ひとくちにアドバイスをするのは難しい。ダイレクトラジエーション型にはさまざまなタイプがあって、一概にこうとはいえないからだ。ただひとついえるのは、現代におけるダイレクトラジエーション型スピーカーの大半は、アンプにお金をかければかけるほど良い音が得られるということである。スピーカーのメーカーとしては、アンプ製作者を喜ばせるためにそうしているわけではない。スピーカーにとっての必要悪であるエンクロージュアを小型化し、しかも小さなボディから低音を出し、周波数帯域のバランスをとったら、アンプに苦しい動作を強いるものになってしまったのである。ただし、通常のダイレクトラジエーション型スピーカーは、ホーン型やコンデンサー型に較べて、低い価格帯から良質な製品が揃っている。だから、スピーカーへの予算

ダイレクトラジエーション型の小型2ウェイ・スピーカー，リン社のケイタン．バスレフダクトは後方にある(写真協力：(株)リンジャパン)．

配分がすくなくても済めば、その分をアンプに振り向けることができるのだ。

だが、もっといい解決法がある。ヘッドフォンシステムの項でも触れたが、中古市場を狙うのである。クルマでもカメラでもそうだが、オーディオ機器にも買い換え需要がある。ミニコンポの場合、製品の性格上、中古市場は形成されていないが、セパレートコンポーネンツにはセコンドハンドのマーケットが存在する。そちらに目を向ければ、選択の幅はぐっと増える。すべてを中古で、というわけにはいかないかもしれないが、中古の機器だと価格は新品の五～八割程度。もしもすべてをセコハンで揃えると、所得の三か月分は理論値で約六か月分近くにまで跳ね上がる。他人の触ったものに触れられない潔癖症の人には辛いかもしれないが(しかし、オーディオ製品は多くの人の手によって組み立てられるものではある)、運良く良質な中古がみつかったら、これを見逃すのは惜しい。私も中古品にはさんざん世話になっている。

さて、ここで重要になってくるのが、オーディオ販売店の担当者との人間関係である。オーディオ販売店というものは、ある意味で買い換え需要によって成立している。だからたいがいの店で中古品をあつかっている。担当者との信頼関係がある程度できていて、あなたが予算の足りない旨を正直に伝えれば、彼は程度の良い中古品を紹介してくれるはずだ。ことによると、あなたが気に入ったスピーカーと同型で、前のオーナーが一年使って飽きてしまったものを勧めてくれるかもしれない。もっとも、そういう僥倖をあてにしてはいけないが。

では、担当者との信頼関係を築くには何が必要なのか。それは、あなたのオーディオと音楽への情熱である。好きな音楽を良い音で聴きたいという、オーディオの根源的なモチベーションである。人の気持ちはかならずつたわる。また、あなたの使いこなしの潜在能力も影響してくるだろう。販売した機器から、あなたが良い音を出せそうだと思ったら、担当者も真剣に協力してくれるはずだ。

ここで、仮に私がゼロからオーディオシステムを組んだらどうなるかをシミュレーションしてみよう。

私が二〇代半ばの青年で、月収が一五万円程度だとすると、予算は四五万円となる。もしもそうなら、私は、ダイレクトラジエーション方式の小型2ウェイ・スピーカーを新品でもとめるだろう。スピーカーに割ける予算が十数万円だとしたら、私は英国(正しくはスコットランド)リン社のケイタンというモデルを選ぶ。リンにかぎらず、英国製の小型スピーカーは、総じて音楽のフォルムを描くのが巧い。小型ゆえに音のスケールこそ小さいのだが、左右のスピーカーの間にミニチュアのオーケストラがずらりと並ぶ。

ヘッドフォンシステムの項では中古のCDプレーヤーを選んだが、ここでは上位フォーマットのSACDもかかるタイプを選ぶことにしよう。これは国産の大メーカーの製品なら、どれを選んでも外れはない。価格は約一〇万円。

問題はアンプである。前述のように、現代のスピーカーは、アンプにお金をかければかけるほど良い音が出る。しかし、システムの総額を月収の三倍とすると、私に残された予算は二〇万円しかない。たしかにリンのケイタンは、二〇万円クラスのプリメインアンプでもけっこう良く鳴りはする。しかし、実用以上の領域に浮遊する感覚がいまひとつ足りない。そんなときに心強い味方になってくれるのが販売店の担当者である。ここでは、私の担当者が、アキュフェーズ社製のプリメインアンプのトップモデルで、新品だと、シミュレーションにおける私の給料の三か月分以上に相当するものの中古品を紹介してくれたと思っていただきたい。

アキュフェーズ社は、日本国におけるオーディオ・エレクトロニクス・メーカーの白眉ともいえる存在だ。そのサウンドは基本的に厳格で精緻な傾向をもち、人によっては技術志向一辺倒な音と評価するが、私にいわせれば、精密で清潔な音のどこかに古楽器めいた渋味と温か味がある。また、同社のプリメイン／パワーアンプの安定度は抜群だ。さらには信頼性が高く、四半世紀前の製品でもいまだにメンテナンスが可能。中古で買っても、安心して使うことができる。

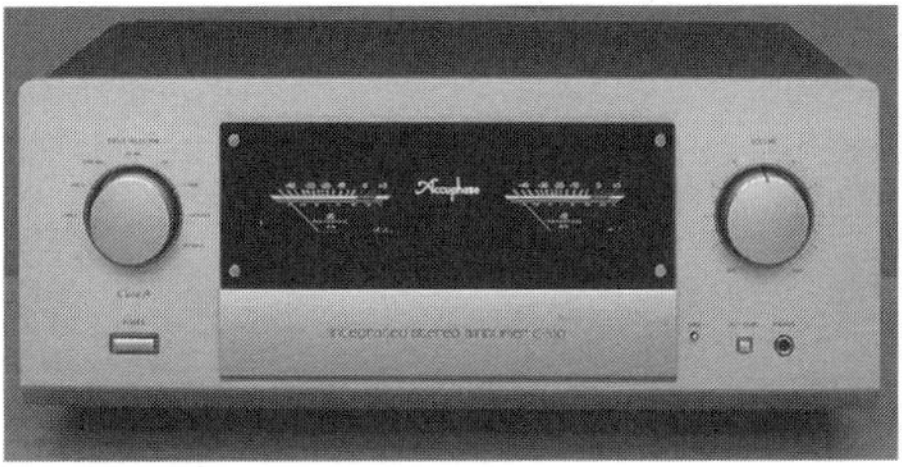

アキュフェーズ社の最高級プリメインアンプ，E-530
(写真協力：アキュフェーズ(株))．

　予算を若干オーバーしてしまったようだが、シミュレーション空間の私は、月給三か月分強の出費で、現金正価で五か月分以上に相当する価格のシステムを手に入れることができた。まあ、現実がこのようにうまくいくとは限らないけれど、もしもあなたが音楽とオーディオに情熱をもち、事前に製品の研究を積み、さらには販売店の担当者との良好な関係を築くことができれば、こういう幸運が絶対にないとはいいきれない。

システム構築の美学

この世で何がいちばん嬉しいかといって、オーディオシステムがわが家にやってくるときほど嬉しいものはない。だが、すでにあなたは理解している。オーディオシステムを購入しても、単にセッティングしただけでは良い音が出ないことを。

でも、そんなに難しく考える必要はない。オーディオ機器は基本的に誰でも使えるようにつくられている。ミニコンポに較べれば大掛かりなセパレートシステムでも、前に述べた使いこなしの基本的フォームをまもり、きちんとしたセッティングをし、きちんとした結線をすれば、かなり良い音が得られるはずだ。電源プラグの向きによる音の違いも聴き取りやすいだろう。また、このクラスの製品になるとアースの落ちている側がプラグに表示されているケースが多いので、精神衛生上も好ましい。

だが、セパレートシステムから本当に良い音を得るには、細かい使いこなしもさることながら、骨太の使いこなしも必要になってくる。まずは、部屋のどこに置くのか。システムがそろったら、壁面の中央にアンプ類を置き、その両側にスピーカーを置くのが、まあ一般的だ。あたりまえの話だが、すでに住まいとして使用しているスペースでそういうセッティングをするなら、どこかの壁面を空けなくてはならない。小型スピーカーは場所をとらないと考えられがちだが、まわりの空間が開けていないと、性能の半分も引き出すことはできないと思っていただきたい。それだけのスペースを、たとえばリビングルームに確保するとなると、家族の同意も必要であろう。自室にセッティングするにしても、何らかの不便は覚悟しなければならない。しかし、その不便と引き換えに、私たちは良い音を聴くことができるのである。では、不便を忍んでまで、良い音を得る必要はあるのか。自分にとって、良い音とは何か、音楽とは何か。本格のオーディオシステムを手に入れるのなら、そういったことを自問してほしい。

セパレートシステムというやつは、さまざまなことを考えさせる。たとえば、昨今のスピーカーの脚部はスパイク状になっているケースが多いのだが、床がフローリングだった場合、スパイクを床に接触させると、床には当然のことながら傷がついてしまう。もしもあなたの住まいが借家だとしたら、床に傷をつけるのは躊躇《ためら》われるだろう。いや、持ち家だったとしても、せっかくのフローリングに傷をつけるのはもったいない。いきおいスパイクは受け皿のようなものに接地させることになる。しかし、ケースバイケースではあるが、スパイクは床にざくりと刺したほうが、不要共振がスパイクをつたわって大地に逃げやすいので、音はピュアになる。さあ、どうする。私なら、借家でも思い切ってスパイクを床に直接接地させる。引っ越すときに、床の補修費をオーナーに渡す(転居の時期が迫っていたら、受け皿を使うか、人造大理石やガラス等の板の上にスピーカーをセッティングする)。

スピーカーのセッティング場所にも問題は発生する。低音を筒状のダクトで共鳴させるスピーカーを、バスレフレックス(通称バスレフ)型というのだが、そのバスレフダクトがエンクロージュアの後方についている場合、スピーカーはなるべく壁から離してセッティングするほうがよろしい。ところが、壁のそばにセッティングしないと、聴く位置とスピーカーが接近しすぎてしまう。さあ、どうする。私なら、壁の近くにスピーカーを置いてみて、結果が悪くなければそれでよしとする。ダメな場合は、家族の同意をとりつけて、スピーカーを壁から離し、聴く位置を後方にずらす。

コンセントの位置関係でも問題は発生する。スピーカーを置く場所は決まったが、近くにコンセントがない。さあ、どうする。私ならスピーカーの位置はそのままにし、コンセントの近くにアンプ類をセッティングする。スピーカーケーブルはなるべくなら短いほうが良いのだが、それには目をつぶって長く引き回す。この場合、スピーカーケーブルの長さは左右が多少違ってもかまわない。それよりも長さの余ったケーブルがトグロを巻く状態のほうが好ましくない。

さよう。オーディオシステムを所有することは、次から次へと問題解決を迫られることなのだ。電源プラグの向きはどちらがいいのか。使用する機器の電源をどのコンセントからとるのか(テーブルタップを使用する場合は、消費電力の大きい機器を壁コンセントに近い側からとるのが原則)。ケーブルの方向性は文字の流れにしたがうのがいいのか、それとも逆がいいのか。スピーカーの角度はどのくらいがいいのか。セッティングが決まっても、問題解決は終わらない。きょうはどんな音楽をどんな順番で聴こうか。音量はどのくらいにするか。きょうは大音量で聴きたい気分なのだが、うるさ型の階下のオヤジは留守か否か。

オーディオとは常に出題されつづけているパズルのようなものなのだ。認識と判断のゲームと解釈してもいい。出題がなされてはいても、オーナーの意識が低いと問題がどこにあるのかわからないこともある。むろん人間のやることだから、すべてに正解できるわけがないし、正しいとかまちがっているといったことではなく、むしろ好みの範疇に属する問題も出てくるだろう。それらのひとつひとつを考えて、自分にとってより良い状態をつくっていくのがオーディオのよろこびなのだ。オーディオシステムが発する無数の問いかけに、自分なりの回答を出しつづけた結果、あなた独自のサウンドが得られる。

では、噴出する問題に対する解決の判断基準はどこにおけばいいのか。それはオーナーの美意識であると私は思う。ユーザーはオーディオ機器によって、美意識を常に試されているのだ。

スピーカーの選択で、あなたの美意識は試される。それをドライブする機器をどう組むかでも、あなたの美意識は試される。システムの使いこなしでも、あなたの美意識は試される。聴く音楽でも、聴く音量でも……。

だが、そういったオーディオシステムの構築運営の技術というか腕前もさることながら、それをおこなっていく過程での行動にも「美」がもとめられるのではなかろうか。これは自戒も込めていうのだが、こちらはお客だとばかりに販売店に対して紳士的に振る舞わないのはみっともないし、若いうちからあまりに高価な装置を揃えるのもいかがなものか。青年には、オーディオ以外にもやるべきことはたくさんあるはずだ。

また、良い音を出すためなら手段を選ばない、といった姿勢にも私は疑問をおぼえる。なりふりかまわずオーディオを追求する人々を私は知っている。彼らはたしかに良い音を出す。だが、あまりにマニアックな音には、どこかにいやしさが見え隠れする。

オーディオとは、総合的な行動の美学ではなかろうか。ものを見る目や、音と音楽を聴く耳や、さまざまな知識を統括した、あなたのおこないが美しいときに、あなたは良い音を得ることができる。

第五章　オーディオの周辺をめぐって

オーディオアクセサリー有用無用論

オーディオ機器を買ってきただけできちんとした音は出るのか、と問いかけられたなら、いまやあなたは、いや、正しい使いこなしをしなければまともな音は出ないのだ、と答えるにちがいない。正解である。だが、答えはもうひとつある。

オーディオ機器を収納するためのラックや、機器を接続するためのケーブルの類いがないと、オーディオシステムから音は出ないのだ。いや、ラックはなくても音は出る。たとえばフローリングの床なら直置《じかお》きすることができるし、CDプレーヤーとプリメインアンプからなるシンプルなシステムなら、テーブル等の上にセッティングしてもいい。ケーブルだって、昔ビデオデッキを買い換えたときに余ったのが何本かある。それで用は足りるのではないか。

それも一理ある。だが、オーディオ機器を床の上に置くと、その場所は通行できなくなるし、テーブルの上に置けば、その上ではお茶も飲めない(オーディオ機器には絶対に水分をかけてはいけないのだ)。また、何年も放置してあったケーブルの端子はまずまちがいなく酸化している。その端子を買ってきたばかりの機器に接続するのはいかがなものか。なにも高価なものでなくていい。中古だってかまわない(中古品として流通しているケーブルは、概して保存状態が良好である。ただし、使用する前に端子を薬用アルコール等で清掃すること)。ラックやケーブルはある程度の品を使っていただきたい。このようなオーディオの周辺機器を、オーディオアクセサリーと呼ぶ。

スピーカースタンドもアクセサリーの一種と考えられる。前章でも話題に出たリンの小型2ウェイのスピーカーも、スタンドの併用を前提として設計されている。ミニコンポの項では、スピーカーをチェストの上にセッティングすると仮定して話を進めた。なぜならば、ミニコンポの音響エネルギーはさほど大きなものではなく、スピーカーを家具等の上に置いても音が破綻する可能性は少ないからである。だが本格のスピーカーは、小型2ウェイといえども、その音響エネルギーはミニコンポのそれに較べてかなり大きい。これをチェストやテーブルに載せると、不要共振等が発生してサウンドぜんたいに悪影響をおよぼす。スピーカースタンドはスピーカーに適度な高さをあたえると同時に、不要共振等を

右：スタンドに載ったケイタン．左：ケイタン専用スタンド(写真協力：(株)リンジャパン)．

抑制するはたらきをする。

小型2ウェイのスピーカーは、スタンドに載せて使うのが原則だ。小型スピーカーをよくブックシェルフ型と呼ぶが、ブックシェルフ=本棚に入れて使用すると、低音はかなり出るものの、音場の広がりがなくなってしまう。

スピーカースタンドには、特定のスピーカーと組み合わせる専用型と、不特定のスピーカーに使用できる汎用型がある。専用スタンドには、スピーカーを固定するためのネジ等や、スピーカーと共通性のあるデザインがあたえられている。専用スタンドがある場合、そのスピーカーはスタンドと一体の音づくりがなされているケースが多いことから、併用するのが望ましい。いっぽう汎用型スタンドは、剛性の高い金属をもちいるなど、総じて不要共振抑制のための工夫がなされている。専用スタンドがあるスピーカーでも、汎用タイプを使用したほうが好結果を生むケースもままある。

現代のスピーカーは、壁からある程度の距離をもたせてセッティングするのが基本である。とくに後方からも音が出るコンデンサー型や、バスレフダクトが後方についているタイプのスピーカーは、開けた空間のなかに独立して設置するのが原則だ（むろん、原則を外したほうが好結果を生むケースもある）。左右のスピーカーとリスニングポジションの関係は、リスニングポジションを頂点とした二等辺三角形である。まあ、これはなんとなくおわかりいただけるだろう。では、どのような二等辺三角形にすればいいのか。これは部屋の状況やリスナーの好みによって異なるのだが、極端な鈍角二等辺三角形や鋭角二等辺三角形にはなるまい。左右のスピーカー周辺の状況は、なるべくなら等しいほうがよろしい。

スピーカースタンドは、ガタのないよう水平にセッティングする。脚部がスパイク等の場合、スパイク等がネジ式になっているので高さを微調整することが可能だ。スパイクで床を傷つけたくない向きは、スパイクの受け皿（厳密には違法だが、硬貨で代用することも可能）や、板を介してセッティングするといい。スタンドの脚部がプレーンな板になっていたり、板の上にスタンドを載せたりする場合は、床と板にガタが生じないようにする。床がカーペットなら問題はないが、フローリングだとガタが生じやすいので、フェルト、ゴム板、薄い金属円盤(硬貨でも可。本来の目的以外に使うわけだが、傷つけるわけではないので違法性は薄い)等をスペーサーとしてもちい、安定したセッティングを得る。

スタンドをセッティングしたら、その上にスピーカーを載せるわけだが、固定式でない場合、スピーカーはスタンド上で前後に動かすことができる。スピーカーが不安定になるほど極端に前後させるのは良くないが、スピーカーをスタンド上で前後させると音が変化することはおぼえておくといい。

ここであなたはふと疑問に思う。小型スピーカーの空間占有率は、スピーカー本体よりもスタンドのほうが高いのではないか、と。さよう。小型2ウェイスピーカーのスタンドは本体よりも規模が大きいので、そのクオリティと材質はサウンドに大きな影響をあたえるのだ。ならば、いっそのことスタンドの部分も本体にしてしまえと、小型スピーカーの下部を地面方向に伸ばして背を高くしたタイプをトールボーイ型と呼ぶ。トールボーイ型は、小型スピーカーと底面積が等しいにもかかわらず、エンクロージュアの体積が大きくなるので豊かな低音が得やすい。ともあれ、スピーカースタンドはシステムにとって重要なオーディオアクセサリーである。
往々にして見逃されがちではあるが、機器を収納するラックも音に大きな影響をあたえる。まえにも記したが、オーディオ機器は底面の接する物質によって音が変化する。その最たるものがスピーカースタンドなのだが、アンプ等も何の上に載せるかによって音の傾向は変化する。これはラックやスタンドの素材がもつ固有の共振モードや剛性によるものなのだが、ラックの場合は、ラック自体の材質・構造・剛性のほかにも、機器の収納のしかたや放熱性能の良否が音に影響する。

リン社のトールボーイ型スピーカー，ニンカ（写真提供：(株)リンジャパン）．

リビングルームにオーディオシステムを置くなら、ラックの天板の上にテレビをセッティングするのが一般的であろう。三段のラックなら上段にCDもしくはD

VDプレーヤー、中段にプリメインアンプ、下段にビデオデッキといった具合になっているかもしれない。この順番を変えても音は変化する。極端なマニアには、機器の前後を反転させてみて、逆向きのほうが好結果を得られたら、そのまま使用する人もいる。だが、いくら音が良くても使いにくいのはいただけない。ラックの収納は使い勝手を重視すべきだ。

ただし、いくら使い勝手が良くても、機器の熱がこもるようなセッティングのしかたはダメである。とくにプリメインアンプ／パワーアンプは発熱が多いので、十分な通気を確保していただきたい。具体的にいえば、アンプの天板が上の棚板と接近しすぎないようにする。海外製品には常時電源を入れておくタイプもあるので、放熱に気をつけないと、まさか火事になることはあるまいが、内部の素子がダメージをうけるおそれは十分に考えられる。また、周囲の空間に余裕のないセッティングをすると、ステレオ音場が狭く感じられたり、音の伸びやかさが損なわれたりする場合も出てくる。

では、どんなラックを選んだらいいのか。これもお好み次第である。ラックにおいてもまた姿形が音に反映され、金属やガラスをもちいたものは、どちらかというと硬質で透明な音の傾向をもち、木製のそれは、木製の楽器等のようなカラリとした音色と暖かみのある質感をもつ。なかには脚部がスパイクになっているものもあるのだが、受け皿等を巧くもちいないと事実上移動不可能になる。私自身は、シンプルな形状で放熱効果の高いラックが好きだ。あくまでも個人的な見解ではあるが、ラックを含むオーディオアクセサリー全般は、あまり凝りすぎないほうが洒落《しゃれ》た音が得られるように思う。

必要不可欠なアクセサリーではあるものの、あまりに凝りすぎると、結果的に音をおかしくする代表例がケーブルである。ケーブルは三種類に分類されると思っていただきたい。すなわち、機器どうしをつなぐラインケーブルと、アンプとスピーカーをつなぐスピーカーケーブルと、電源コンセントと機器をつなぐ電源ケーブルである(ディジタル機器どうしをつなぐディジタルケーブルというものもあるのだが、これについては第六章で述べる)。

前にも記したが、初めてシステムを組むときのラインケーブルは、廉価なもので結構である。何かをしたらもっと音が良くなるのではないか、と感じたときにグレードアップするといい。では、どういうケーブルを選べばいいのだろう。これはもうじつにいろいろなものがあって、選択に困るほどだ。ラインケーブルにかぎらず、ケーブルは一般に弾力性のあるものほど軟らかい傾向の音色をもち、曲がりにくいものほど硬い音色をもつ。ニュートラルな音が得たいのなら、極端に高価ではなく、さりとて安物でもない、手にとったときの感触が好ましい品を選ぶこと。ケーブルは、表面に方向性についての表示のあるもののほうが使いやすい。

スピーカーケーブルについてもラインケーブルと同じように考えていい。ただし、あまりに太くて重量のあるものを小型スピーカーに接続すると、ケーブルを替えたことによる電気的な音の変化もさることながら、スピーカーの重量バランスが後方に寄ることによる機械的な音の変化が生じる可能性もある。重量のある極太ケーブルは概して高級品だ。高いお金を出したのだから、オーナーは音が変わったと喜ぶ。しかし、それはスピーカーの重心バランスの崩れた音かもしれないのだ。なお、スピーカーケーブルの端子はときどき増し締めすること。

電源ケーブルは、機器に付属しているものを使うのが原則である。機種によってはケーブルが取り外せない。だが、本格的なオーディオ機器は、電源ケーブルが同一規格の端子による着脱式になっているケースが多い。このことから電源ケーブルもまた、交換によって音を変化させる要素のひとつになる。事実、付属の電源ケーブルを、いわゆる高級品に取り替えると音は激変する。いや、電源のみならず、一般にケーブルを高級品にすると音はガラリと一変するのである。なお、コンセントが足りないときに使うテーブルタップにもオーディオ専用のものが販売されており、できることならほどほどの品でもいいからオーディオ用のものをお使いいただきたい。これも電源ケーブルと同様、高級品に交換すると音が激変する。

では、高級品と普及品はどう違うのか。まず線材にもちいられる金属の品質が違う。たとえば、限りなく夾雑物の少ない純銅や純銀が使用される。プラグの部分に、ホスピタルグレードと呼ばれる医療関係用のパーツが使われていたり、米国航空宇宙局規格のなんとかいう技術が起用されていたりする品もあるという。ユーザーとしては、限りなく純粋な金属とか、宇宙関係のなんとかという技術といったお題目を聞いても、本当かどうか確かめるすべがないのだが、それでも高級品に取り替えると音が変化するのだからしょうがない。

現在、マニアの間では、ケーブルがオーディオシステムのチューニングパーツとして盛んにもちいられている。当今では、ケーブルを交換することこそオーディオの醍醐味、と豪語する御仁《ごじん》もおられるようだ。それはそれでたいへん結構なことではある。私はケーブルによる音のチューニングを否定するつもりはない。だが、音のコントロールをケーブルの交換のみに頼る現在の風潮はいかがなものか。ケーブルの交換による音の変化は、お金とわずかな労力で得られる。それで音は変わる。だが、それは単なる音の変化なのか、それとも音が良くなったのか。うまく使いこなせれば問題はないのだが、高価な品、すなわち高性能で特徴的な音をもつ品をブレンドしてシステムのケーブルをラインナップすると、ニュートラルな状態の音からあまりにも遠くなるため、自分のもとめている音を見失いがちになるのだ。

ケーブルの交換のほかにも、やるべきことはある。たとえば、システム全体を掃除する。オーディオ機器は静電気を発生させているので、ホコリが付着しやすい。システムの結線をいったんすべて外し、機器をラックから取り出して、ラックの周辺に掃除機をかけ、ラックと機器を固く絞った雑巾で拭き清める。すべての端子を、よく乾いた清潔な布で清掃する。極端に汚れた端子は薬用アルコール等で清掃したほうがベターだが、端子まわりの樹脂にダメージをあたえないよう注意すること。あらためてセッティング／結線をして音を聴く。音は以前よりもシャキッとしているはずだ。心理的な影響もあるかもしれないが、ホコリの除去によって、機器の通気性や共振モードが微妙に変化している可能性も否定しがたい。

オーディオアクセサリーは、文字どおりファッションのアクセサリーのようなものである。あまりにごてごてとアクセサリーを身につけている人物を、あなたは趣味が良いと評価するだろうか。これと同じことがオーディオでもいえる。

ここではオーディオアクセサリーのなかでも必要不可欠な品のみを例として挙げたが、他にもさまざまなアクセサリーが存在する。それらの多くは、これがなければシステムから音が出ない、といった類いのものではない。なかには効果的なアクセサリーもある。しかし、ケーブルの例でもわかるように、アクセサリーに頼りすぎると本質がおろそかになる。

オーディオで重要なのは、アクセサリーの付加や交換で音を変化させることではなく、システムの実力を発揮させることなのだ。人間は何を身につけるかではなく、どう振る舞うかが重要であるように。システムの振る舞いとアクセサリーがマッチしたとき、そのシステムはよりいっそう輝きを増す。

部屋——最大のオーディオコンポーネント

第一章の冒頭で記したように、オーディオとはスピーカーの音を聴く行為である。だが、これもすでに記したように、私たちは部屋の音も聴いている。システムから良い音を出すためには、システムを使いこなすいっぽうで、部屋を使いこなさなければならない。では、部屋の使いこなしとはどういうことなのか。

部屋には響きというものがある。若干意味は違うが、これは残響と解釈してもいい。部屋の残響がすくない状態をデッドと呼び、多い状態をライブと呼ぶ。デッドすぎると音楽がつまらなくなるし、ライブすぎると音楽が不明瞭になる。基本的には、部屋に何もない状態だとライブ、家具等がぎっしりつまった状態がデッドだと考えていただきたい。また、たとえば床材でいうと、カーペットのような軟らかい素材だと部屋の音響特性はデッドになり、フローリングのように硬質なものだとライブになる傾向にある。つまり、家具等の置きかた次第で、部屋の響きはコントロールすることができるのだ。

ほどよい響きは良い音をもたらす。だが、響きが音に悪く作用することもある。部屋の響きのどこかにクセっぽさが感じられたり、中低音楽器の音が異様にもりあがったりしてはいないだろうか。これはおもに定在波《ていざいは》とかフラッターエコーといった現象である。定在波は、部屋の空気そのものが特定の周波数で共振すること。フラッターエコーは、壁／壁、床／天井といった部屋の対向面を音が往復することによって、特定の周波数が増幅もしくは減衰すること。では、どうしたらこれらの現象から逃れることができるのか。定在波は部屋の縦横比が一対一とか一対二といった整数倍のときに起きやすく、フラッターエコーは部屋の壁が平行していると生じやすい。だから、たとえば部屋を多角形にし、天井に勾配等をもたせれば、これらはほとんど抑制できる。具体的な例をあげると、ベルリン・フィルハーモニー・ホールが五角形、サントリー・ホールが複雑多角形だ。

しかし、一般の家屋で多角形の部屋というのはほとんどない。ふつうの部屋は、定在波

ベルリン・フィルハーモニー・ホール(『写真集ベルリン・フィルハーモニー』アルファベータ刊より，写真：ラインハルト・フリードリヒ).

やフラッターエコーの起きやすい四角形か、四角形の組み合わせである。では、どうするか。これらの現象は、部屋の家具等の置きかたを工夫することによってもある程度解決できる。ただし、定在波は、部屋に対する家具の総量が影響してくるので、どうにもならない場合もある。まあ、定在波というやつは、部屋がもつ響きの魅力でもあると理解しておこう。

いっぽうフラッターエコーについては、工夫次第である程度の手当ができる。もしも、中低音楽器の音がどこかで著しくもりあがっていたり、消失していたりしたら、とりあえずリスニングポジションをずらしてみる。それでも解決しないときは、怪しいと思う場所に何かを置いてみる。もしも壁面どうしの間でフラッターエコーが発生しているように感じたら、少なくともどちらかいっぽうの面に本棚とかCDラックを置く。すでにそこに棚が置かれていたら、棚の前に何かを置いてみる。フラッターエコーが天井と床の間で発生していそうだと思ったら、床にスツールのような、ある程度重量があってあまり邪魔にならないものを置く。観葉植物などもよろしい。

部屋の響きを整えるオーディオアクセサリーも存在する。たとえばディフューザーと呼ばれる、表面に凸凹をつけた戸板状の物体などがその代表格である。これを壁面にセッティングすると、音がうまく乱反射するので、音の虚像が発生しにくく、正確な音のフォルムが得やすい。ディフューザーをもちいることで、フラッターエコーが解消されるケースもなくはない。その他にも、部屋の響きを整えるさまざまなアクセサリーが販売されている。こういうアクセサリーは、家具の配置変更で響きが整わない場合にかなり有効だ。しかし、何度もいうように、この種の高性能なアクセサリーをやたらに使うと、自分が何をもとめているのかわからなくなる可能性もある。

部屋の響きは日々変化している。良い響きを得るにはかなりの時間を要する。いや、一生かかるといっても過言ではない。これは、実用と美と音の三要素からなるパズルを解くつもりで気長に楽しもう。

あくまでも経験上の勘で申し上げるが、良い音のする部屋にはオーナーの精神が感じられる。オーディオ機器の機能的なフォルムと部屋の使いかたが渾然一体となって、空間としての総合的な美を構成している。そういう部屋は概して美しく整っている。なかには例外もあって、一見乱雑な部屋もなくはないのだが、そこに精神の貧しさはない。逆に、表面的にはキレイに整っていても、精神の感じられない部屋では、あまり良い音が出ない。そういう部屋の住人は、機器の使いこなしや家具の置きかたのどこかでエラーを犯している。そしてそのエラーに気づかず、それを指摘されても改善しようとしない。部屋の使いこなしもまた、オーディオの行動の美学なのだ。

ここで、部屋そのものについて考えてみよう。現代の日本国において、オーディオ専用の部屋をもてる人はごくごく少数であり、ましてやリスニングルームをゼロから建築することなど、よほどの幸運にめぐまれないかぎり不可能に近い。そのことはよく承知している。だが、理想的なリスニングルームとはどのようなものかを考えてみるのも、オーディオの作法を高めるには必要ではなかろうか。

リスニングルームにもとめられるのは、良い響きもさることながら、良好な遮音性である。音の出せる部屋を探して、若い頃の私が東京を放浪したことはすでに記した。遮音には、つまるところ二種類の方法論しかない。ひとつは部屋の気密性を高めること。いまひとつは部屋の外殻の振動を抑制すること。防音工法とか遮音建材といった商品は、これら二つの組み合わせとそのバリエーションだといえよう。

防音ドアは、ドアをフレームに圧着させることによって気密性を高め、それ自体を重くすることによって振動を抑制している。防音サッシでも、圧着によって気密性を高めているケースが多く、さらにはガラスを二層にしたり、サッシそのものを二重三重にしたりして、中間に空気層をもたせることで、振動を外部に伝えないようにしている。防音仕様のフローリング材は、振動を階下に伝えないよう接着面にゴム等が配されている。また、いわゆる防音工事は、建物の外殻であるモルタル等と内部の石膏ボード等の壁材との間に、吸音／断熱材を高密度で充填し、鉛《なまり》系の素材のシート等で気密性を高めるなどの手法をとるのが一般的である。他にも、建物の外殻そのものを厚くする、窓の数を少なくする、地下室とする、などといった手法も考えられる。

では、遮音性能の高い部屋が、すなわち完璧なリスニングルームなのか。残念ながら、絶対にそうだとはいいきれない。あまりにも気密性の高い部屋は、往々にして音がこもりがちになるばかりか、定在波が発生しやすい。また、鉛系の防音シートを建材にもちいたり、吸音/断熱材を大量に充塡したりすると、響きのよさが失われる可能性も出てくる。

遮音性能を得ると同時に良好な部屋の響きを得るために、音響用建材を使用する例もみられる。よく使用されるのは、適度な残響と音の拡散機能をもつ壁材等だ。しかし、あくまでも私個人の意見ではあるが、「音が良い」と称される建材等は避けたほうが無難なように思う。「音が良い」と称しているのは製造する側であって、あなた自身ではない。製造者は「音が良い」と感じても、あなたがそううけとらない可能性は十分にある。オーディオ機器やアクセサリーなら、気に入らなかったら交換することもできる。だが、いったんつくった部屋はそう簡単に工事をやりなおすわけにはいかない。どうしても「音の良い」壁面等が欲しかったら、壁面そのものは通常のものにしておいて、前にも記したディフューザーのようなアクセサリーや、デザインの好ましい家具等を壁面にセッティングすることをお勧めする。ディフューザーや家具ならば、後々もある程度自由に動かすことができるのだから。

床を堅固に作るという手法も、リスニングルームの建築によくみられる。これはアナログレコード時代にはとくに重要だった。スピーカーが発する不要共振が大地を介してレコードプレーヤーにつたわると、その共振をレコード針が拾い、その音がスピーカーから発せられ、さらにはその音をまたカートリッジが拾い……といった音の循環が生じ、ついにはスピーカーからウォーンという巨大な異常音が発生するのだ。この現象はハウリングと呼ばれ、アナログ再生最大の敵だった。ＣＤにおいてこの現象は起こらないが、それでも不要共振はオーディオ機器の回路／筐体を介して音に影響をあたえる。また、床の構造があまりにも弱いと、床そのものが発音体となってハウリングに似た不快な異常音を発生させるケースも出てくる。

私事で恐縮だが、前に借りていた部屋の軟弱な床に悩まされていた反動から、私はいまのリスニングルームを作るときに床を思いっきり堅固にしてもらった。これはこれで正しい選択だったと今でも確信してはいるが、堅牢な床を得たかわりに、音の軟らかさを失ったことは否めない。オーディオとはどこまでいっても、何かを得ると何かを失うものであるようだ。なお、床の補強工事をおこなうときは建築の専門家に相談してほしい。たとえば、スピーカーのセッティングポイント付近の床に大量のコンクリートを流し込んで補強する工事などは、鉄筋コンクリート造りの集合住宅の一階なら何ら問題ないだろうが、木造住宅の基礎部分の重量バランスが極端に変化すると、構造的に不安定になるおそれもなくはないのである。建築物とは土地という海に浮かんだ船のようなもので、バラストが極端に偏ると、ちょっとした波で転覆、すなわち家屋でいえば軽微な地震で倒壊する危険性も出てくるのだ。

では、けっきょく、オーディオにはどのような部屋がいいのか。私は、「普通の部屋」が良いように思う。そもそも民生用オーディオ機器というものは、普通の部屋で使用することを前提としている。普通の部屋に正しくセッティングし、正しい使いこなしをほどこしたときに、所期の性能を発揮するように作られている。なぜならば、オーディオ専用の特殊な処理をほどこした部屋でしか使えない、というものでは商売にならないからである。

また、特殊な処理をほどこした部屋では、往々にして特殊な使いこなしを強いられることになる。そのような特殊な状態だと一般的なセオリーがあてはまらないことから、いったん方向性を見失うと、良い音を回復するのにかなりの時間がかかるのだ。その点、普通の部屋なら、一般的なセオリーをまもっているかぎり、良い音から大きく外れることはない。

ならば、防音処理などは無用の長物なのか。そんなことはない。隣人や家族に迷惑をかけることなく、好きな時間に好きな音楽を楽しめるのは、時間・空間から解放されるというオーディオの大きなアドバンテージである。もしもあなたに家を新築・改築するチャンスが訪れたなら、必要な範囲内での防音処理をしていただきたいし、できることならブレーカーボックスから二系統以上の電源をオーディオのために引くことをお勧めする（一系統はディジタル機器に、もう一系統はアナログ機器に使用すると良い）。

しかし、新築やリフォームをした後でオーディオに目覚めるという場合も十分考えられる。他にもさまざまな事情で、専用のリスニングルームをもてないケースも多々あるにちがいない。だが私は、むしろそのことを喜ぶべきだと思う。多くのオーディオマニアが高度な遮音性能や、音響建材業者のいう「良い音」を得ようとして、ニュートラルではない特殊な部屋を作り出してしまうのに対して、そうはしなかったあなたは、「普通の部屋」を手に入れることができたのだから。

浅学非才ゆえに、この歳になってようやく気づいたのだが、大音量が出せなくてもオーディオは楽しめるのである。

たとえば、リスニングポジションをスピーカーに近づける。音というものは、距離の二乗に正比例して減衰するので、スピーカーとの距離が半分になると、聴感上の音量は四倍になる。

たとえば、コンデンサー型スピーカーを使う。コンデンサー型は小音量でも音の解像度が高く、その瑞々《みずみず》しいサウンドは他ではなかなか得られないものだ。

たとえば、深夜はヘッドフォンをもちいる。前述のように、ヘッドフォンシステムは通常のシステムに較べてコストパフォーマンスが圧倒的に高い。

たとえば、家族にも近隣にも迷惑のかからない時間帯を選んでオーディオと音楽に取り組む。常日頃からだらだらと聴いているよりも、気力の充実したときに音楽に向かったほうが、ずっと豊かな時間を過ごすことができる。

小手先のテクニックに頼ることなく、全人格的にオーディオに取り組む人物の姿勢を、私は美しいと思う。そして、人生のフォームの美しい人物は、まずまちがいなく良い音を出す。ここまでくると実用以上のオーディオは、マニアの領域すら飛び越して、「侘び寂び」の境地に突入する。

第六章　新しいフォーマットとホームシアター

フォーマット進化論

ここまで私はやや意図的に、オーディオは使いこなしである、と力説してきた。

オーディオにおいては、写真機や自動車といった他の実用／趣味系メカニズム物件に較べて、「腕前」という概念が著しく軽視されている。たとえばカメラのライカを買ったら、すなわち一流の写真家と同レベルの写真が撮れるのだろうか。高価なスポーツカーを購入すると、すなわち一流のレーシングドライバーと同じ操縦テクニックが身につくのだろうか。そんなことは、ちょっと気のきいた小学生でもわかるはずだ。にもかかわらずオーディオでは、装置さえ揃えればすぐにも良い音が出るという大きな勘ちがいが横行している。私としては、この誤解を少しでも払拭したくて、オーディオ＝使いこなし説を声高に唱えたのだ。

だが、ここで前言をひるがえすようでまことに申し訳ないのだが、オーディオで得られる音には、私たちユーザーの力ではどうしようもない領域がある。機器やアクセサリーの変更で音は変化する。使いこなし次第で音は良くなる。だが、オーディオの音を最も大きく変化させるのはフォーマットの変化なのだ。オーディオで得られる音のクオリティは、フォーマットの容量によって決まるといっても過言ではない。フォーマットが変化するたびに、私たちはソフト／ハードの買い換えを強いられてきた。苦労して集めた愛着のあるディスクが、一夜にして、とはいわぬまでも、過去の遺物になるという辛酸をなめてきた。それは一面、はなはだ迷惑な話ではあるのだが、フォーマットの変化によって、オーディオが進化してきたことも否めない事実ではある。

ここで、オーディオのフォーマットの発達をもういちど振り返ってみよう。

オーディオにおけるパッケージソフトとして最初に広まったのは、SPレコードと考えていいように思う。それ以前にも円筒形の蠟管《ろうかん》をメディアとする録音再生システム等が存在したが、世界的に普及したとはいいがたい。SPレコードは片面の演奏時間が五分程度。交響曲一曲聴くだけでも何度となく盤をかけかえなくてはならない。レコード針の針圧が大きいため盤は擦り切れやすく、針も頻繁に交換しなければならなかった。前にも記したように、そのサウンドは切れば血の出るような生々しさをもっていたが、現代の基準からみれば、ノイズは大きく、音の情報量はほんの少ししかなかった。ＳＰレコードは、乗り物にたとえれば、プリミティブな単気筒エンジンのついたモーターサイクルのようなものだったのではなかろうか。それまでピアノを弾く以外に、パーソナルな音楽を手に入れる手段をもたなかった当時の人々にとって、ＳＰレコードの誕生は、エンジン付きの個人的移動手段を得たほどの感激があったにちがいない。

ＳＰにかわって、一九四八年に米国ＣＢＳからＬＰレコードが発表された。ＬＰは、片面の演奏時間が三〇分程度で、ＳＰよりもスクラッチノイズがずっと少なく、そのサウンドはより高精細の方向に向いていた。さらにＬＰはステレオ化し、オーディオという技術のありかたはＬＰレコードを軸として、ひとまず完成の領域へと向かった。ＳＰが単気筒エンジンなら、モノラルＬＰの音はスムーズな多気筒エンジンをもつオートバイのようなものであろう。そのサウンドはＳＰに較べて格段に滑らかかつ艶やかになった。モノラルＬＰがオートバイなら、ステレオＬＰはオープンタイプのスポーツカーのようなものかもしれない。オートバイと同様、走ればホコリはつくし、マニュアルトランスミッションのギアチェンジに相当する、針圧とか、インサイドフォースキャンセラー（レコードの中心に向かって針が引っ張られるのを抑制する仕組み)とか、アームの高さとか、いろいろと調整しなければならない部分は多いのだが、クルマを走らせるというか、レコードをかけるのがたいへんおもしろい。思えば一九七〇年代までは、誰もがアナログのレコードを聴いていたのだなあ……。

だが、一九八二年にCDが発表され、LP王国は落日を迎える。CDの収録時間は七十数分程度(これはベートーヴェンの第九交響曲の演奏時間に相当し、二〇世紀で最も成功した指揮者であるヘルベルト・フォン・カラヤンの提案によって決定されたという)。また、CDはLPに較べて取り扱いがはるかに簡単で、ディジタル方式ゆえに表面的なノイズ感がすくなく、音の解像度も十分にあったことなどから、あっという間にLPを駆逐してしまった。だが、一部のオーディオ愛好家はCDの音を良いとは認めなかった。たしかに、当初のCDプレーヤーの音質は、高度なアナログプレーヤーに較べてお粗末ではあった。その後、CDプレーヤーは大きな進歩を遂げ、ほとんどのオーディオ愛好家に認められる存在にまで進化する。また、CDがもつ音の解像度やノイズ感のなさを意識したことでレコードプレーヤーも進化し、全盛時代よりもさらにクオリティの高い音が聴けるようになった。現在、ＬＰは少数ながらも生産されており、中古市場も存在することから、レコード／オーディオ愛好家のあいだで、ＬＰとＣＤがうまく棲み分けをしているようである。ＣＤの音は、乗り物にたとえると、オートマチックトランスミッションをもつファミリーカーのようなものではなかろうか。特別なテクニックがなくても運転できるかわりに、つまらないといえばつまらない。

そのいっぽうで、ＣＤについては誕生の当初から、データ容量が十分でない、という指摘がなされていた。それから十数年を経た二一世紀直前に、ＣＤの後継／上位フォーマットとして、ＳＡＣＤ（スーパー・オーディオ・ＣＤ）とＤＶＤ-オーディオが名乗りをあげたわけである。

ＳＡＣＤは、ＣＤの提唱者でもあったソニー／フィリップスが、ポストＣＤとして開発した音楽専用フォーマットだ。ＣＤが量子化ビット数一六／サンプリング周波数四四・一キロヘルツの情報量をもつＰＣＭ（パルス・コード・モジュレーション）方式であるのに対して、ＳＡＣＤは二・八メガヘルツの処理速度で音をダイレクトに０／１変換するＤＳＤ（ダイレクト・ストリーム・ディジタル）という方式をとっている。想定しているスピーカーの数は左右2チャンネルが基本だが、5本のスピーカーと一本のサブウーファーをもちいる5・1チャンネル等を併録することもでき、さらにはディスクを二層とし、一層に従来のCDを、もう一層にSACDの2チャンネル／マルチチャンネルを記録したハイブリッド盤も存在する。SACDは専用のプレーヤーでしかかからないが、ハイブリッド盤はCDプレーヤーでもかかることから、今後はこの方式が主流になるかもしれない。

左列がDVD-オーディオ，右列がSACD．どちらも外見はCDと同じ大きさだが，情報量はケタ違い（上にあるのが小さく見えるが，どれも同じ大きさ）．

いっぽうDVD-オーディオは、DVD-ビデオを開発したメーカー各社が中心となって立ち上げたもので、基本的には音声用フォーマットだ。実はDVD-ビデオも音声用フォーマットとして使用できるので話がややこしくなるのだが、DVD-オーディオは基本的にPCM方式を採用しており、最大で量子化ビット数二四／サンプリング周波数九六キロヘルツの精細度をもたせることができる。DVD-オーディオも2チャンネルとマルチチャンネルで記録することが可能だが、SACDのように2チャンネルが必須というわけではなく、制作者はチャンネル数を自由に選ぶことができ、マルチチャンネルを選択した場合は、2チャンネルでも出力できるよう、多チャンネルから2チャンネルへのダウンミックス係数をコンテンツに入れなければならない。

2チャンネルで聴くSACDの音は、乗り物にたとえるならば高性能セダンのような印象だ。同じ音源をCDで聴くのとSACDで聴くのでは、フォルクスワーゲンとメルセデスのような違いがある。SACDプレーヤーは基本スペックが情報量の多いSACDを前提としているので、CDをかけたときの満足度も高い。いっぽう2チャンネルで聴くDVD-オーディオは、やはり高性能なのだが、セダンではなくステーションワゴンに乗ったような質実剛健なおもむきが感じられる。これはDVD-オーディオのかかるプレーヤーのすべてがDVD-ビデオとの兼用機で、映画再生に向くよう中域に厚みをもたせていることによるものかもしれない。

だが、お気づきのように、SACDとDVD-オーディオは、2チャンネルのみならずマルチチャンネル再生を視野に入れている。そのマルチチャンネルという概念をホームオーディオに初めて取り入れたのは、一九七〇年代初頭に登場した4チャンネルステレオというフォーマットだった。これはリスニングポジションの前後に二本ずつのスピーカーを配し、従来の2チャンネルステレオよりも立体的な音響を得るために考案されたものである。しかし、4チャンネルステレオは市場にこそ登場したものの、けっきょくは主流になることなく消え去ってしまった。その原因としては、方式に関するメーカー各社の足並みが揃わなかったことや、当時の主要メディアであるLPに、4チャンネルぶんの個別の信号を記録することが困難だったことなどが挙げられるのだが、4チャンネルステレオの最も大きな敗因は、魅力的なソフトを開発できなかったことにあるように思う。

私の記憶が精確ならば、4チャンネルステレオ用と銘うたれたソフトの代表例は、リスニングポジションの周囲を機関車がぐるぐる回る、というものだった。まあ、「技術のショールーム」としては成功していたのだろうが、「音楽」としてはぜんぜんおもしろくない。だが、この機関車ぐるぐる再現機能は、ホームシアター用マルチチャンネルで返り咲くことになる。

ホームシアターのマルチチャンネル

映画において、マルチチャンネルという手法を初めて効果的に利用したのは、ジョージ・ルーカスの『スター・ウォーズ』あたりだったように記憶している。

そもそも映画の音声はオーディオと同様、モノラルでスタートした。前方2~3チャンネルによる立体音響が導入されたのは、一九五〇年代のことである。私にとって初期の立体音響映画で最も印象的だったのは、黒澤明監督の『天国と地獄』。むろん封切り時に観たわけではないのだが、画面の外にあるとおぼしき電話のベルが鳴るシーンなどには、ドキリとさせられたものである。ただし、初期の立体音響はスクリーンの左右と奥行き方向の立体感しか得られなかった。その後、映画館はサイドとリア方向にもスピーカーを設置するようになったが、これは館内のすみずみまで音を行きわたらせるためのものだった。

ところが一九八〇年代に入って、立体音響の考えかたが大きく変化した。サイドとリア方向のスピーカーを積極的に使い、スクリーンの手前方向にも立体的な音が描かれるようになったのだ。具体的にいうと、後方から飛行機の爆音が近づいてきたと思ったら、その爆音が観客の上を飛び、飛行機がスクリーンに映し出される。また、スクリーンに映っている悪人(善人でもいいけれど)がピストルを撃つと、見えない弾丸が客席を通って後方へと飛び去る。映画の立体音響というものは、画面の外の状況を表現するものであり、リアやサイド方向の音が付加されることによって、スクリーンの手前方向の出来事も表現できるようになったわけである。これは映像とストーリーがあるからこそ効果的なわけで、列車の屋根の上で繰り広げられる犯人と刑事の息詰まる格闘も、音だけでは間の抜けた機関車のぐるぐるにすぎない。

一般に、ホームシアターのマルチチャンネルは、フロントL(レフト)・C(センター)・R(ライト)、リアL・Rからなる五本のスピーカーと、一本のサブウーファーから構成される。このことからマルチチャンネルは5・1チャンネルとも称される。フロントLRは映画に付随する音楽と効果音、センターはせりふ、リアLRはリア方向の効果音/音楽、サブウーファーは音というよりも巨大な振動や風圧的な領域の周波数帯域を受け持つ。(昨今では、7・1チャンネルのような、さらに多くのスピーカーをもちいる方式もあるようだが、本書では触れない。)

LD(レーザーディスク)時代中期までのマルチチャンネルは、ドルビー・プロロジックという技術で成立していた。プロロジックでは、アナログもしくはディジタルで記録された通常のフロントLRの2チャンネル信号を処理することによって、フロント、センター、リア、サブウーファーの信号が得られる。いっぽう、LD時代の後期に実用化したドルビーディジタルやDTSといったフォーマットは、圧縮されたディジタル信号を処理して各チャンネルの独立した信号を得るもので、DVD-ビデオではこれが標準になっている。各チャンネルの音声が独立して記録されるようになったことで、ホームシアターのマルチチャンネル音は飛躍的にクリアーになった。

ホームシアターのオーディオを構築するには、大きく分けて二つのいきかたがあるように思う。ひとつは5・1チャンネル、もうひとつは従来の2チャンネルステレオである。

ホームシアターのオーディオとは、すなわちマルチチャンネルなのでは、と疑問に思われる向きもあるかもしれないが、私は2チャンネルでもホームシアターのオーディオシステムは成立すると考える。この場合、左右二本のスピーカー、プリメインアンプ、DVDプレーヤー、テレビディスプレイが基本ラインナップとなる。ようするに、プレーヤーをDVD用とし、スピーカーの中央にテレビを置けばいいのだ。

DVDプレーヤーの音声出力はアナログ2チャンネルを装備している。ソフトにマルチチャンネル音声が収録されている場合、マルチチャンネル音声は2チャンネルにダウンミックスされる。フロントの2チャンネルだけでは、実体としてのリア音声は感じられないのだが、漠然とした音場感は得られる。きちんとした使いこなしをほどこされた2チャンネルシステムならば、だらしないセッティングをうけたマルチチャンネルよりも、よほどすっきりとした全体的音場を聴き取ることができるのだ。

もしもあなたが最新の映画より過去の名画がお好きで、しかもCDを聴く機会が多いなら、無理をして5・1チャンネルのシステムを揃えるよりも、むしろ従来のステレオに映像を足すほうが現実的であろう。また、もしもあなたが室内の美を大切にするならば、スピーカーとその配線が目立たない2チャンネルシステムのほうが好適かもしれない。

音のみを鑑賞の対象とするピュアなオーディオシステムと、ホームシアターの最大の相違は、テレビ(もしくはプロジェクター／スクリーン)の存在である。一般に映像機器は、オーディオ機器とは比較にならない高周波をあつかう。この高周波がノイズとなって音声系にとびこむと、音が濁ったり、音のエッジが立ちすぎたりするのだ。これを回避するためには、電源を可能なかぎり別のコンセントからとる、あるいはテーブルタップ等を上手にもちいてさまざまな電源のとりかたを試み、良いほうを選択する、映像ケーブルと音声のケーブルを交錯させない、などといった対策が考えられる。

映像ケーブルにはいくつかの種類がある。これは、DVDプレーヤーに装備された映像出力の端子によって使用するものが異なり、D端子(コンピュータ関係のコネクターに近似したもの)、色差端子(三系統のピンケーブルで接続するもの)、S端子(プラグのなかに四本の細いピンがあるもの)を優先順位としていただきたい。技術的な説明は全部省略するが、もしもDVDプレーヤーの映像出力がインターレース(通常のテレビ放送とほぼ同等の解像度をもつ方式)とプログレッシブ(通常のテレビ放送の約二倍の解像度をもつ方式)の切り替え式で、テレビ側もプログレッシブに対応している場合は、プログレッシブ出力を選択したほうが良いだろう(この場合、接続はD端子か色差端子をもちいる)。本書はオーディオをあつかうものなので映像について詳しく触れる余裕はないが、テレビディスプレイにも使いこなしは必要である。付属のリモコンで、ブライトネス、コントラスト、シャープネス、カラーバランス等の調整項目を呼び出し、好ましい映像を得るようにしていただきたい(ただし、テレビのリモコンというやつは複雑怪奇で、ヴィジュアル専門誌の編集者やライターでも戸惑うほどなのだ。これはなんとかならないものだろうか……)。

もしもあなたが、音楽よりも映画の鑑賞にウエイトを置きたいと考えていて、しかも最新のハリウッド作品等を十全に再生したいのなら、5・1チャンネルシステムを選択すべきである。また、映画館やホールの臨場感を再現したい向きにも、マルチチャンネルシステムは好適であろう。

ゼロからマルチチャンネルシステムを組むのなら、5・1チャンネル分のスピーカーがセットになったパッケージをおもとめになることをお勧めする。5・1パッケージには二つの考えかたがある。ひとつは、フロントLRが比較的大型で、リアLRが小さく、それらにみあったセンターとサブウーファーからなるフロント優先方式。もうひとつは、フロントとリアの四本がすべて同一で、その横置きバージョン的なセンターと、それらにみあったサブウーファーからなる均等方式。どちらを採るかはお好み次第である。均等方式のほうが理論的にバランスがいいようにも思われるし、映画の画面は前方にあるものだからフロントLRに重きをおいたほうがいいようにも思われる。ここで認識しておいていただきたいのは、均等方式でも、たとえばフロント側をスピーカースタンドにセッティングし、リア側を壁にとりつけた場合、両者の音は厳密に等しくはならないということである。極端ないいかたをすれば、同じスピーカーでもセッティングが異なると別の音になってしまうのだ。だからといって、フロント優先方式が良いともいいきれない。スピーカー編成は、個々の部屋の状況を見きわめた上で慎重かつ大胆におこなっていただきたい。

マルチチャンネルのスピーカーをドライブするには、AVセンターというものを使うのが一般的だ。AVセンターは、コントロール部でDVD-ビデオに記録されたほぼすべてのディジタルフォーマットをデコードしてアナログ信号に変換し、5チャンネルぶんのパワーアンプ部からスピーカーに電力を供給する(コントロール部とパワーアンプがセパレート方式になっているモデルも存在する。また、サブウーファーの大半はパワーアンプを内蔵したアクティブ型なので、ライン信号のみ供給できればよい)。またAVセンターには、著名なコンサートホール、新旧の映画館、ダンスクラブ、ライブハウスなどといった各種のイベント空間の残響等のモードが記録されており、このデータを信号に付加することによって、さまざまな音場感を得ることができる。むろん、特定のホールそのものの音が出るわけはないのだが、ユーザーによっては楽しいと感じるであろう。私が好きなのは、旧い映画館の残響特性を付加する、いわゆるモノムービーというポジションだ。モノムービーで黒澤明監督の『七人の侍』などを鑑賞すると、これがなかなかいい。

DVD-ビデオを視聴する場合、AVセンターとDVDプレーヤーの間は、前者のディジタル出力端子から後者のディジタル入力端子に、ディジタルケーブルで接続するのが一般的だ。ディジタルケーブルはステレオのラインケーブルと異なって一本だが、ある程度以上の品になると方向性が示されている。

5・1チャンネルシステムのスピーカーのセッティングも、基本的には2チャンネルと同様である。フロントLRは、テレビディスプレイの両側に左右がなるべく均等な状態になるようセッティングする。リアはリスニングポジションの後方に、なるべくならリスニングポジションとの距離がフロントと等しくなるようにセッティングする。だが、それはおそらく不可能であろう。DVDプレーヤーかAVセンターのいずれかに距離の補正機能があるはずなので、メジャー等で距離を正確に測定した上で、その値を入力し、さらには聴感で微調整を加えていただきたい。センタースピーカーはテレビの上か下にセッティングする。理想をいえばフロントLRと同型機を同様にセッティングしたいのだが、そこには画面があるので不可能だ。テレビの下にセッティングする場合は、リスニングポジションに正対するよう仰角をつける。サブウーファーは、概して部屋の中心を外した地点に置いたほうがいい。

マルチチャンネルのスピーカーケーブルの結線も、基本的には2チャンネルステレオと同様だ。ただし、5チャンネルぶんあるのでプラスとマイナスを間違えないように用心すること。全チャンネルともケーブルの長さを同一にするのは事実上不可能であろう。この場合、もしもスピーカーケーブルにたくさんの余りが出るようならば、フロント側とリア側の長さは必ずしも統一されていなくてもいい。できることなら左右は同じ長さにしたいところだが、ケーブルがトグロを巻くようならあきらめる。

マルチチャンネルの使いこなしで最も重要なのが、各スピーカーの音量レベル設定だ。

これは機種にもよるが、DVDプレーヤーとAVセンターの双方でおこなうことができ、テストトーンをスピーカーから出して聴感上で決定する。そのときは通常のリスニングポジションでテストトーンを聴くこと。なお、昨今のAVセンターには、付属のマイクロフォンをリスニングポジションにセッティングし、各スピーカーの音響特性を計測して適切な補正値を得、そのデータをもとに全チャンネルの特性を統一させる機能がついているものもある。これはひじょうに便利な機能ではあるのだが、人間の耳とマイクロフォンの特性は同一というわけではない。こういったオートマチック機能はむろん活用すべきだが、あまり過信しないで、ある程度自分の耳で追認することをお勧めする。

なお、マルチチャンネルのスピーカー編成には、既存の2チャンネルにリア等を新規に加えるという方法もあるのだが、これについては次項で解説する。

新フォーマットのマルチチャンネル

映画のマルチチャンネル再生には、厳密なスピーカーのセッティング方法が規定されて

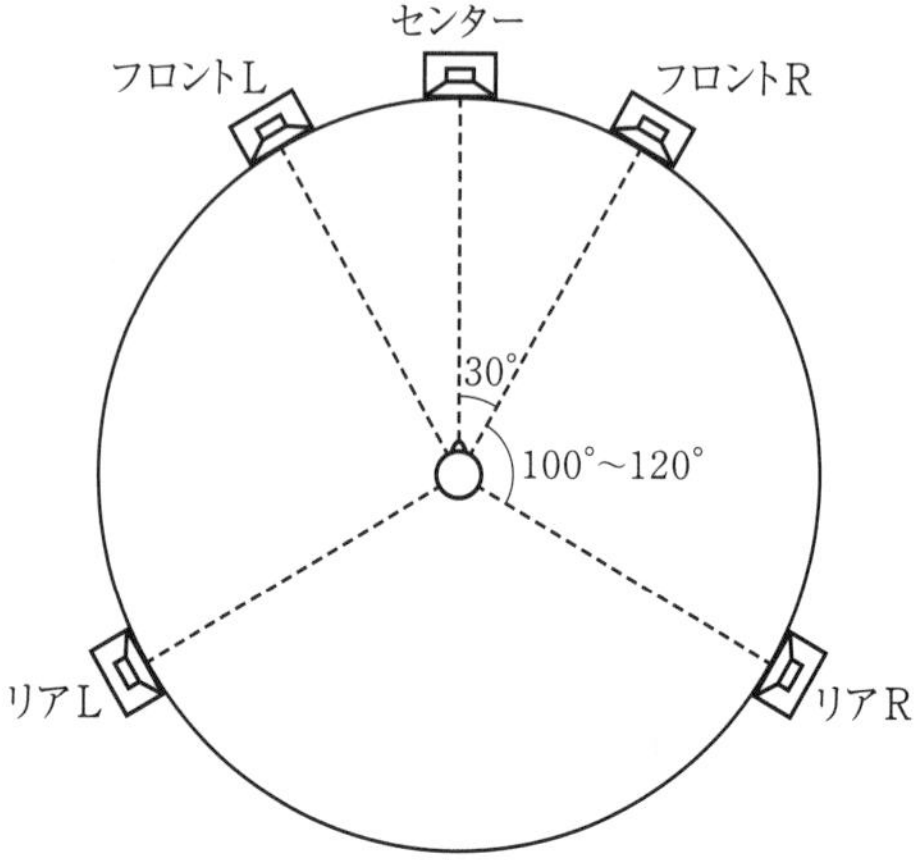

ITU-R（国際電気通信連合・無線通信部門）が推奨するマルチチャンネルのスピーカー配置.

いない。しかし、SACDとDVD-オーディオのマルチチャンネルには、スピーカー配置に規則めいたものがある。

部屋の床に、リスニングポジションを中心とした大きな円が描かれていると仮定していただきたい。リスニングポジションからみて、その円周上の正面にセンタースピーカーを配置する。円の中心からみて、センターから左右に三〇度ずつ移動した円周上にフロントLRを配置する。そこからさらに一〇〇～一二〇度ずつ移動した円周上にリアLRを設置する。フロントLRとリスニングポジションの三点を結ぶと正三角形ができ、リスニングポジションとリアLRを結ぶと、リスニングポジションを頂点とする頂角一〇〇～六〇度の二等辺三角形（六〇度の場合は正三角形）ができる。

サブウーファーに関する規定はとくにない。また、リアスピーカーはリスニングポジションからみて仰角一五度まで上に移動させることができる。

おそらく、何がなんだかよくわからなくて、頭がくらくらしたのではないだろうか。書いている当人も同様である。だが、あまり深刻に考えることはない。この規定は、場所や担当者によって差異が生じやすい録音制作時のセッティングを統一化するためのものなのだ。この決まりを墨守しなければきちんとした再生ができないのならば、新フォーマットのマルチチャンネルは広くユーザーに受け入れられないだろう。

もしもあなたが、すでに映画用のマルチチャンネルシステムを保有していて、新フォーマットのソフトが手に入ったなら、とりあえず、SACDやDVD-オーディオ対応プレーヤーのマルチチャンネル・アナログ出力と、AVセンターのマルチチャンネル・アナログ入力を接続して、音を出してみよう(本稿執筆時において、SACDとDVD-オーディオにおける汎用のディジタル出力はない)。もしかすると、中央付近の音に違和感をおぼえるかもしれない。これは、センタースピーカーのセッティングがフロントLRと異なるからだ。そのときは、AVセンターの設定を、センターの信号をフロントLRに振り分けるポジションにするといい。このような設定を、センターファントムという。

問題は、すでに従来の2チャンネルステレオで立派なシステムを組んでいるユーザーのマルチチャンネル対応である。そんな人にとって、フロントと同じスピーカーをセンター／リア用に購入し、それにみあったサブウーファーまで用意するのは経済的にも心理的にもたいへんな負担になる。

ここでは私の対処法を述べておこう。もともと私は従来の2チャンネルステレオ派で、マルチチャンネル再生を強いておこなおうとは思っていなかった。ところが、ディスク評などの仕事の都合上そうもいっていられなくなったのだ。幸いにも、マルチチャンネル再生用に入手したプリアンプに、センターとサブウーファーの信号をフロントLRにダウンミックスする機能がついていたので、センタースピーカーとサブウーファーはとりあえず不要になった。問題はリアなのだが、私にフロントLRと同じものをリアにあてるだけの資力はない。

そこで私は、フロントLRと似た音のするスピーカーをみつけることにした。似た音のスピーカーを探すには、スペックなどは無視して、人間の耳と目を信頼したほうがいい。

まずはフロントLRと似た形状(もしくは形式)のスピーカーをいくつか候補にあげる。次に、そのなかから「自分の好きな音」のするスピーカーを選ぶ。自分の好きな音が定まっていないとこの方法は使えないが、手塩にかけたフロントスピーカーというものは、たいてい自分の好みの音にしあがっているので、これはけっこう確度の高い実戦的なリアスピーカー選択法になる。パワーアンプについては、なるべくならフロント側と同じものを使いたいところだが、それができなければ「自分の好きな音」のものを選ぶ。

杓子定規に考えれば、新フォーマットのマルチチャンネルは、全チャンネル同一のスピーカーをITU-Rの規定にのっとってセッティングしなければならないのだろう。だが、私のやりかたでも新フォーマットはけっこう良い音が聴ける。理想主義的ないきかたが正しいに決まっているけれど、理想を実現できないなかであれこれ考えるのもオーディオの楽しみのひとつではなかろうか。

正式なセッティングでも、それをやや外したやりかたでも、マルチチャンネルで聴くSACDとDVD-オーディオの音はかなりいい。乗り物にたとえると、高性能セダンやワゴンを4WD化したようなおもむきがある。つまり、従来の2チャンネルではフロント側を中心とした空気感が構成されるのに対して、マルチチャンネルではリスニングルーム全体に音の気配が行きわたるのだ。

だが、残念なことに、現時点ではすべてのマルチチャンネルソフトが魅力的というわけではない。リア方向は音場感だけで十分なのに、映画のマルチチャンネルのような「実体」のある音を入れてしまうソフトもある。たとえばチャイコフスキーの《序曲一八一二年》を収録したあるディスクでは、終盤の大砲の音が四方八方から聴こえてくる。はじめは物珍しいのだが、こういうのはすぐに飽きてしまうのだ。これってもしかして、4チャンネル時代の機関車ぐるぐると大して変わりはないのでは……。

新フォーマットのマルチチャンネルが成功するか否かは、良質なソフトが数多く出現するか否かにかかっている。

第七章　パソコンとアンティークオーディオ

データ通信時代のオーディオ像

自分では、けっこうディスクをまめに買うほうだと思っている。日に一度、いや必ずしも毎日ではないが、ときには日に二度ほどもCD屋の売り場をのぞく。だが、私がもっているディスクの枚数など、本格のコレクターに較べれば大したことはない。まだまだ知らない曲がたくさんある。耳にしたことのない演奏がごろごろころがっている。クラシック音楽にかぎっても、一生のうちに市場にあるすべてのディスクを聴くことは絶対にかなわない。それにもかかわらず、私の部屋はCDの「人口爆発」の危険にさらされている。つい先日、棚を増設して危機をのりこえたが、これが満杯になるのも時間の問題だ。いずれなんとかしなければならないが、これがLPだったら、いったいどんなことになっていたのか、ちょっと考えただけでも空恐ろしい。

フォーマットの進化にともなって、私たちはより体積／面積の小さいパッケージメディアから、より多くの情報量を得てきた。SPでは、たとえばベートーヴェンの第九交響曲だと一〇枚以上のディスクを必要とした。LPだと、ベートーヴェンの交響曲全集が一〇枚以内に収まる。これがCDだと、五枚程度に収録できるうえ、表面積は約六分の一。SACDやDVD-オーディオのサイズはCDと同じだが、マルチチャンネルなども含めて

下にあるのがLPのベートーヴェン交響曲全集(8枚組)，その上の左がCDのベートーヴェン交響曲全集(5枚組)，右がDVD-オーディオのマーラー交響曲全集(1枚).

音の情報量はずいぶん多い。DVD-オーディオにCDと同じ規格のデータを記録すると、ベートーヴェンよりも長い収録時間を必要とするマーラーの交響曲全集が一枚に収まってしまう。便利といえば便利だが、パッケージソフトとしてのありがたみがなくなったといえないこともない。

それでもソフトの「実体」のあるうちはまだいいのだ。おそらくSACDとDVD-オーディオは最後の音楽専用パッケージメディアとなり、それから後のソフトは配信によっ

て供給されていくであろう。いや、新フォーマットの真価が発揮されるのは、おもに、よく整備されたセパレートシステムや、ミニコンポでも最上級に属する機種であって、「実用以内」の領域でその実力がなかなか認められないであろうことから、これらCDの後継／上位フォーマットが定着しない可能性も否定できず、ソフト供給は意外に早くデータ配信化されるかもしれない。いずれにせよ、音楽ソフトがネット上にしか存在しなくなる日は、いつかやってくるであろう。

個人的な感情をいえば、私はモノとしてのディスクが好きである。これまで集めてきたディスクが、棚に並んでいるのを眺めるのは悪い気分ではない。にもかかわらず、ディスクが収納しきれなくなるのは困ったことである。音楽ソフト供給の主流が配信になるのは、ありがたいといえばありがたいのだ。すくなくとも資料的な性格の強い楽曲／演奏に関しては、配信のクオリティでいいのではないかな、とも思う。いや、もしもすべての音楽ソフトがSACD／DVD-オーディオの水準で配信されるようになるのなら、実体としての音楽ソフトを所有しない世の中も、まんざら捨てたものではなさそうだ。

本稿を記している二〇〇二年三月時点において、配信によって供給される音楽ソフトのクオリティは、本書でいう「実用以内」の範囲を超えるものではない。だが、配信のクオリティはいずれ「実用以上」の領域に踏み込んでくるものと思われる。そのためにはどのような環境が必要なのか。

第一に、データ通信速度の向上である。少なくともCDクオリティの音楽データと、それにともなう文字／画像のデータが、音楽の流れとリアルタイムで送受信できなければならない。たとえば、ワーグナーの長大なオペラをダウンロードするよりも、街のCD屋まで行ってソフトを買って帰ってきたほうが早かった、というのではダメである(その時点でCD屋というものがあればの話だが)。

第二に、著作権等の問題をクリアすることである。高度なデータには当然のことながらコピーガード信号のようなものが付加されるだろうが、これによって最終的な音が悪くなるようではいただけない。

第三に、システムのセキュリティの問題である。配信されたデータはハードディスクに保存されるわけだが、何らかのアクシデントによってディスクがクラッシュし、それまで営々と蓄積してきたデータが一瞬にして消滅してしまうようではどうにも困る。いちいち外部ディスクにバックアップをとらなければならないというのでは、CD時代と同様のスペースをとってしまうので配信の意味がない。また、ハードディスクの容量も飛躍的に増やさなければならないだろう。

第四に、既存のオーディオ技術のパソコンへの転用である。おそらく配信ネットワークの端末として一般に使用されるのは通常のパソコンであろう。実用以上の音をもとめる比較的少数のユーザーのためには、音楽専用のパソコンが開発されるかもしれない。だが、オプションでいいから、通常のパソコンにも良好な音質の得られるアナログ音声出力を用意していただきたいのだ。残念ながら、現在の一般的なパソコンのアナログ音声出力は、CD用のウォークマンのそれにすらおよばない。また、音楽専用機が登場するにしても、現在のCD／新フォーマット用プレーヤーと同様の音質をもっているかどうかは不透明だ。そのいっぽうで、CDが出現して以来、オーディオ業界はディジタルオーディオに全力をあげて取り組んできた。彼らのもつオーディオ技術を投入すれば、パソコンの音声出力はかなりのクオリティが得られるであろう。

ここであらためて確認しておくが、オーディオにおいて大切なのは最終的なアナログ音なのである。ディジタルの数値だけをみせられても、私たちは音を感知することはできないのだ。昨今では、増幅の大半をディジタル領域でおこない、最終段階でアナログ変換するディジタルアンプというものも存在しているが、スピーカーを駆動するのがアナログ出力であることに変わりはない。SACDのフォーマットであるDSDでは、アンプからスピーカーにディジタル出力を供給し、スピーカー内のフィルター回路でディジタル／アナログ変換することも理論上は可能であるようだが、それでもなお最終的にスピーカーから出てくるのはアナログ音なのだ。このことからも、スピーカーがいかに大切であるかがおわかりいただけるだろう。

ところが、パソコンと組み合わされることを想定したスピーカーの大半は、実用以内というよりも実用未満のしろものなのだ。これは、パソコンというもののありかた全体が、自らの可能性を認識していないことの象徴であろう。ディスプレイの両脇にセッティングされたどうしようもなくちゃちなプラスチック製の物体を見るたびに、私はどうにもやりきれない気持ちになる。現段階においても、パソコンと実用以上のオーディオシステムを組み合わせれば、ひじょうに楽しい音楽／映像鑑賞環境が得られるのに。

パソコンと組み合わせたLS3/5A(B氏宅にて).

ここでBという人物のシステムを紹介しよう。Bの書斎は約四・五畳。部屋には書棚と、CD棚と、パソコンをセッティングした机が置かれている。その他にもこまごましたものがいろいろあって、床の上にはスピーカーをセッティングする場所がない。そこでBはパソコン用のスピーカーを、本格的な小型スピーカーに置き換えることを思いついた。

Bが選んだのは英国の小型スピーカーである。前に紹介したリンのケイタンもそうだが、英国のメーカーは総じて小型スピーカーをつくるのがうまい。ただし、ケイタンが最新鋭であるのに対して、Bが選んだのは一九八〇年代につくられた、ロジャース社のLS3／5Aというモデルである。LS3／5AはBBC（英国放送協会）の音声モニター用スピーカーとして設計されたもので、英国のスピーカーメーカー数社がライセンス生産していた。

LS3／5Aのサイズは、パソコン用スピーカーよりも二まわり程度大きい。だが、机の上で邪魔になるほどではない。Bはこのスピーカーをイタリア製の中級プリ／パワーアンプで鳴らしている。スピーカーは中古もいいところなので、Bがオーディオに投資した金額は、例の給料三か月分の法則をはるかに下回った。もっとも、CDプレーヤーについては、かなりの高級品を身内のオーディオマニアから借用しているとかで、Bがわずかな出費でなかなかいい音を出している背景には、人間関係の幸運もある。

当初、BはパソコンのCD再生機能をもちいようとしたが、これはクオリティが低くて使いものにならなかった。だが、DVD-ビデオによる映画の再生ではほとんど問題がないという。Bは、パソコンのディスプレイで映像を観るデスクトップシアターを大いに楽しんでいるようだ。LS3／5Aは大音量には不向きなスピーカーだが、耳と至近距離のデスクトップにセッティングされていれば、2チャンネルステレオでも最新のマルチチャンネル映画の音声がかなりの迫力をもって聴こえる。すでにパソコンはほぼ万人の必需品であり、音楽向けのモデルもいずれ出現するであろうことから、Bのような形態のデスクトップシステムはかなり一般化していくのではなかろうか。事実、いくつかのメーカーは、

LS3／5Aよりもさらに小型なデスクトップサイズの高級スピーカーを発表している。

パソコンはテレビよりもさらに高い高周波が走っているため、オーディオシステムと共生させるにはそれなりの工夫が必要だ。電源をなるべく分けてとる、パソコンのケーブルとオーディオのケーブルが交錯しないように注意する、などといった使いこなしが考えられるのだが、実際にはそのような理想の実現は難しい。それでも、できるかぎり基本に忠実でニュートラルな使いこなしを心がけよう。

デスクトップシステムの使いこなしで最も重要なのが、スピーカーと机の音響的な関係をいかにコントロールするかである。机はスピーカースタンドに較べて不要共振等を発生させやすいので、さまざまな試みをしてみる必要がありそうだ。ちなみにBは、スピーカーをスパイクとその受け皿で三点支持することで良好なバランスを得ている。

アンティーク&アナログ

本書では、おもに現代のオーディオについて記してきた。だが、オーディオを趣味とするにあたって、あなたは過去の製品に目を向けるかもしれない。古い時代の製品は、コストダウンという概念がなかったせいか、モノとしての魅力にあふれていて、使って楽しく、また勉強にもなる。自らが所有するつもりはなくても、機会があれば、古いオーディオ機器の音に接してみていただきたい。

アンティークオーディオ、あるいはヴィンテージオーディオなどとも称される古いマシンは、アンティークオーディオ機器の専門ショップ等で手に入れることができる。また、昨今ではネット上のオークションでも取引されているようだ。専門店のなかには、高度な修復作業をほどこした上で販売しているところもある。だが、一般に古いオーディオ機器は、保証なしのいわゆる「現状渡し」であると理解しておいたほうがいい。なにしろメーカーの保証期間はとっくの昔にすぎているし、メーカーそのものが消滅している場合だってあるのだから。

前にも記したように、アンティークオーディオで最も生存率の高いジャンルがスピーカーである。とくにホーン型のスピーカーは、映画館で使用することを前提としているものや、その技術の流れをくむものが多いことから、きわめて堅牢に設計製作されている。信号の帯域分割をおこなう回路部や、振動板がパルプ系素材のスピーカーユニットがオリジナルの状態を保っているケースはすくないが、振動板が金属でできている中高域の単体ユニットやホーン部は、いまでもオリジナルの状態のまま使用可能だ。

アンティークのスピーカー、とくに一九五〇〜六〇年代につくられたホーン型は、エネルギーが強烈で不要共振も多いことから、並大抵のことでは使いこなせない。だが、うまく鳴ったときは魂のこもったサウンドを聴かせてくれる。一九六〇年代以前に録音されたスイングジャズやモダンジャズを聴くには最適、と評価する人も多い。具体的な名前を挙げると、米国のJBL、アルテック、エレクトロボイス、英国のタンノイなどといったメーカーのモデルが、古いスピーカーの代表格といえよう。これらは、ジャズはもちろんのこと、一九六〇年代までに録音されたものなら、クラシックからロックにいたるまで、さまざまなジャンルの音楽で深い満足をもたらしてくれるように思う。古い名画がお好きなら、ホームシアターのスピーカーとして使用しても好適だ。

いっぽう、アンティークと呼ばれるアンプの多くは真空管式である。ソリッドステート機にもアンティークの範疇に入るものはあるのだが、主要素子である真空管が容易に交換できることから、ソリッドステートよりも真空管アンプのほうが、概して生存率は高いようだ。とはいえ、すでに記したように、正常に動作しているアンティークアンプのパーツは、大半がオリジナルではない。したがって、経年変化等も勘案すると、製造当時と同じ音がすることはまずありえないのだが、周到なメンテナンスをうけてきたものは、現代の機器にはない魂のこもった音を聴かせてくれる。しかし、きちんとしたメンテナンスをうけていないものは、のびたラーメンのようなヘナチョコ音しか出ない。これは現代の真空管アンプでも同様で、真空管が劣化しているとシャキッとした音は出ないのだ。ところが、手入れを怠ったアンプのヘナヘナ音を聴いて、アンティーク／真空管アンプは音が軟らかくていい、と誤解する人がけっこう多いのである。

たしかにアンティーク／真空管アンプには、音の軟らかいモデルも存在する。だが、古いアンプにも音の硬いモデルは存在するし、現代のソリッドステート機にも音の軟らかいものと硬いものがある。つまり、古い／新しい、真空管式／ソリッドステートと、音の軟らかい／硬いには直接の因果関係はないのだ。音の硬軟は個人の好みだから、お好きな音のモデルを選んでいただきたい。しかしながら、ヘナチョコ音を軟らかい音と誤解すると、正しい演奏の評価ができなくなるおそれがある。ヘナチョコ音とは解像度のない音である。いいかえれば、音楽と演奏の中味がよくわからない状態の音である。この状態を良いと勘違いしてしまった人は、概して、音楽のつくりや演奏の出来に対する敏感さを失い、演奏家やレーベルの「ブランド」ばかりにこだわるようになってしまうのだ。それも個人の趣味といえばそうなのだが、それは音楽の美学からみていかがなものだろうか。ともあれ、アンティーク/真空管アンプのメンテナンスはきちんとおこないたいものである。

あらゆるオーディオ機器のなかで、最もメンテナンスを必要とするのがアナログプレーヤーである。アナログプレーヤーは新旧を問わず、日々のメンテナンス次第で音の良し悪しが決まってくるのだ。とくにアンティークものは、ターンテーブルのモーターやメカニズムが劣化しているケースが多いので、購入するときは用心していただきたい。

アナログプレーヤーは、水平にセッティングすることが使いこなしの第一歩である。ほとんどのモデルは、脚部等に調整機能がついている。この作業には水準器をもちいるとよい。トーンアームにフォノカートリッジをとりつけるときは、針先にダメージをあたえないよう細心の注意をはらうこと。また、ヘッドシェル一体型のアームにカートリッジをとりつける場合は、表示されている色分けにしたがってリード線をつなぐ。

アナログプレーヤーで最も大事なのがトーンアームの調整だ。調整項目は基本的に、「針圧の調整」「アームの高さの調整」「インサイドフォースキャンセラーの調整」と考えていただきたい（ほかにもトーンアームによっていくつかの項目があるのだが、それらについては取り扱い説明書を参照されたい）。針圧はカートリッジの指定値とするのが原則だ。現在では精密なディジタル式の針圧計もある。アームの高さの調整はアームが水平になるようにするのが原則だ。これについてもカートリッジによって微妙に異なる。インサイドフォースキャンセラーは、針圧の数値を代入するタイプと聴感で調整をおこなうタイプがあるのだが、後者の場合は、伸びやかで自然な音が得られるよう心がけよう。また、プレーヤーの各部はほこりが付着しないよう、なるべく頻繁に清掃をすること。清掃には清潔な布と、（水気が必要な場合は）薬用アルコールをもちいる。特殊な化学薬品をしみこませた清掃用の布等もあるようだが、私はあまり好きではない。

アナログプレーヤーをシステムに組み入れる場合、プリアンプやプリメインアンプは、フォノイコライザーという機能の付属したものを使用する（単体のフォノイコライザーも販売されている)。これは、高域をハイレベルで、低域をローレベルでカッティングしたLPレコードの周波数特性に逆補正をかけるためのもの。フォノカートリッジには、大きく分けてMM型とMC型があり、多くのプリアンプやプリメインアンプのフォノイコライザーはMM型にのみ対応している。MC型は、昇圧トランスというものを介してアンプと接続するのが一般的だ(MC対応のフォノイコライザーも存在するが、概して高級品だ)。レコードプレーヤーとアンプの接続は、リード線つきのケーブルを使わなければならない。

アナログプレーヤーは、オーディオ機器のなかで最も使いこなしが難しく、また最も取り組み甲斐のあるコンポーネントである。もしもあなたがアナログレコードに強いあこがれをもっているのなら、あまり怖がらずにプレーヤーをおもとめいただきたい(ダンスクラブのDJ向きのモデルには、使いこなしにあまり気を使わなくて済むものもある。フォノカートリッジは、現在でも比較的多くの機種が生産されている。ここではデンマークのオルトフォンを、信頼できるメーカーの筆頭として挙げておく)。

アンティークオーディオ全般についても同様だ。現在、私自身は使いやすさや音の解像度の高さから現代のスピーカーとアンプを選択しているが、アンティークオーディオには常に尊敬の念をもっている。もしもあなたがアンティークの機器に強く惹かれていて、アンプのメンテナンスに気を遣い、スピーカーの不要共振と長期にわたって闘う覚悟があるならば、思い切って手に入れてみるのもひとつのいきかただと思う。実際に古い機器を使うと、私のいう「魂のこもった音」がどのようなものかわかっていただけるだろう。魂のこもった音とは、歌やソロ楽器の音に込められた微妙な抑揚がよくわかる音といいかえてもいい。それはすなわち、中域の微妙なダイナミクスとも考えることができる。アンティークのオーディオ機器からは、現代の機器が広帯域と引き換えに失ってしまった、中域の精妙な表現が得られるのだ。

オルトフォン社のSPU-G型カートリッジ(写真協力:オルトフォンジャパン(株)).

逆にみれば、古い機器は、同時代の演奏/録音を想定して開発されたものだったともいえる。ごくごく大雑把にいうと、一九六〇年代までの演奏/録音は、作曲者あるいは演奏者の「感情」を伝えることを重視していた。ところが一九七〇年代になると、技術の進歩や価値観の多様化から、必ずしも「感情」のみに重きがおかれるわけではなくなった。たとえばクラシック音楽の演奏／録音では、楽曲の構造を精確に提示することや、ひとつひとつの楽器の音を分離させることが重視された。その試みのすべてが成功したわけではなかったが、ともかく演奏／録音はより情報量の多い方向へと向かった。オーディオ機器も同じ方向へと進路をとった。

では、古い機器は古いソフト、新しい機器は新しいソフトにしか対応していないのか。この疑問については、そうだともいえるし、そうではないともいえる。基本的に、オーディオ機器というものは、同時代のソフトの方向を向いてつくられていると理解しておいたほうがいい。だが、古い機器でも新しい機器でも、使いこなしや組み合わせる機器の選択次第で、どのような方向にでももっていけるのだ。自分がどのような音楽が好きかを認識し、それをどのような音で鳴らしたいのかを、さまざまな試行錯誤のうちにみいだしていくのが、オーディオという遊びのおもしろさなのである。

なぜオーディオを……

この音楽があふれた時代に、私たちはなぜオーディオで音楽を聴こうとするのだろう。

本書のまえがきで、私は、オーディオの音をまったく聴かない一時期をおくったことを告白した。ずいぶん以前のことなので事情を鮮明に記憶していないのだが、私はそのとき、一枚のレコードすらもっていなかった。オーディオ装置と呼べるものは、真空管一本だに所有していなかった。それまでのオーディオマニア的な生活におさらばして、かえってさばさばした気分だった。音楽はコンサートか、さもなければ小型ラジオで聴けばよいとも考えていた。しかし、私はいつの間にかオーディオシステムを組み上げていた。

オーディオシステムを所有することの動機、あるいは効用は、大きく分けて三つあるように思う。それは第一に、オーディオシステムの根本的存在意義ともいえる、音楽の時間・空間からの解放である。

第二に、擬似的演奏体験である。オーディオというものは、音楽を受動的に聴いているようでいて、実はそうではない。本書でしつこいほど述べてきたように、オーディオは使いこなし次第で良い音が得られる。また、同じディスクを同じ装置で聴いても、さまざまなコンディションによって音は変化する。これは演奏家が二度と同じ演奏をしない、あるいはできないのに近似している。さらには、自らが手塩にかけたシステムで、自らが選んだ音楽を聴くと、その音楽を自分のものにしたような満足感(あるいは征服感)が得られる。玄人すじからみれば笑止千万かもしれないが、私などは、生意気にも自分がこの曲を演奏するならどうするか、といったことを考えながらオーディオと音楽に接しているほどだ。

第三に、美意識の充足である。人間は「美」に惹かれる。「美」は、古典哲学で「愛」と密接な関係があるとされ、近代哲学では「性」の双子の兄弟というコンテクストで述べられてきた。ここで哲学論を展開する余裕はないが、ともかく人間には、「愛」や「性」と同様、「美」への衝動がある。音楽を好む性向も、好きな音楽を聴きたいという欲求も、その音楽をなるべく美しい状態で聴きたいという向上心も、すべて「美」への衝動に他ならない。オーディオシステムという存在のありかたは、このような人間の本質的な衝動としての美意識に応えてくれるのだ。

音楽の時間と空間からの解放を、最も高性能にやってのけるオーディオマシンがウォークマンである。第二位がラジカセ、三位がミニコンポといったところか。大掛かりなオーディオマニアのシステムは移動が不可能であるのはもとより、好不調の波も激しいことから、すくなくとも時間・空間からの解放というカテゴリーでは最下位に甘んじるしかない。

そのいっぽうで、最も濃厚な擬似的演奏体験をもたらしてくれるのがマニアシステムである。たしかに、簡易的なシステムでも、すばらしい音楽体験はできなくない。ウォークマンでもイヤフォンやヘッドフォンを吟味すれば、なかなか良い音が聴けるし、ボーズのRadio/CDに代表されるシンプルで高性能な一体型オーディオシステムは、音楽の骨格を的確に描いてくれる。しかし、「いじりしろ」の大きい本格のシステムは、突き詰めれば突き詰めるほど良い音が得られることから、音楽の感動がより深くなるのだ。この感動は、他の受動的な芸術鑑賞形態では絶対に得られない、本格オーディオならではのものである。しかし、突き詰めれば突き詰めるほど音が悪くなるのもまたマニアのシステムである。大規模なシステムは、音を変化させる要素の多さゆえに、どこかでエラーを犯すと、悪いほうへ悪いほうへと進んでしまう可能性もある。大掛かりなシステムというやつは、良い音が出るかどうか永遠に一喜一憂しつづけなければならない。まあ、そこがオーディオの楽しみといえば楽しみなのだが。

では、美意識を充足させてくれるシステムとはどのようなものか。これは人それぞれであるように思う。ある人は音楽をどこへでも持ち運ぶことに美をみいだし、ある人は大規模な装置で美意識を充足させ、またある人はオーディオシステムを所有しないことに美を感じているかもしれない。だが、パッケージソフトによる音楽を常識的に楽しむには、どこかに常識的な着地ポイントがあるのではなかろうか。最も常識的に考えれば、それは実用以内のオーディオである。しかしながら、それでは美意識が満足しない人も確実に存在する。そんな人のためにあるのが、実用以上のオーディオシステムではなかろうか。

私がオーディオを再開したときに組んだのは、まさに実用以上圏内にぎりぎりで滑り込んだようなシステムだった。スピーカーは借り物で、先ほどのBが使っているのと同じLS3／5A。アンプは名もなきメーカーの真空管式中古品。CDプレーヤーに至っては拾い物だった。そのぎりぎり実用以上のシステムで、私はじつによく音楽を聴いた。ブルックナーやマーラーの大交響曲の構造を、素人なりに理解したのもこの頃だったと記憶している。長大なオペラに耐えられるようになったのも、このシステムのお蔭であったように思う。複雑な内容の音楽を把握するには、大規模なシステムよりもコンパクトなそれのほうが好適であることをわからせてくれたのも、このぎりぎり実用以上システムだった。

最初におことわりしたように、私はオーディオマニアである。しかもかなり重度の。この性癖は、オーディオをいったんやめにしたぐらいでは完治しなかった。私は、このぎりぎり実用以上システムをマニアの方向に向けて発進させた。何度かの大きなステップを経るうちに、私のシステムは実用以上の重力圏内を離脱して、マニア宇宙の最深部付近にまでやってきてしまった。そのことを私は後悔していない。だが、もしも私がオーディオマニアでなかったなら、あのぎりぎり実用以上システムはどんなふうに変化していただろう。もしかするとオーディオマニア未満の私は、オーディオマニアの私よりも良い音を出しているかもしれない。そんなシステムを所有している自分が、ちょっと羨ましいような気もする。

私たちはオーディオに何をもとめているのだろう。ここまでごちゃごちゃと理屈を書き並べてきたが、私たちがオーディオにもとめることがらをひとことでいえば、それは音楽を聴くよろこびではなかろうか。そして、そのよろこびを最もリーズナブルなかたちで私たちにもたらしてくれるのが、実用以上のオーディオだと、私は思う。そもそも私たちは、音楽などなくても生きてゆける。音楽はすくなくとも実用品ではない。だが、音楽のない人生は生きるに値するだろうか。音楽は、実用以上の何かなのだ。そして、その実用以上の何かを、人は芸術と呼ぶ。いい音楽は、やっぱりいい音で聴きたい。

なにもマニアの真似をしなくたっていい。本書をここまで読んでくださったあなたには、むしろマニアにはできないハイセンスなオーディオシステムを組んでいただきたい。すでにあなたは、それをするだけの基本的知識を身につけたのだから。もしもあなたの美意識が、あなたをオーディオの方向へと導いているのなら、あなたは実用以上のシステムを目指すべきである。実用品に較べれば、多少の出費は覚悟しなければならないし、どこかの三文文士のいう使いこなしとやらは面倒な作業かもしれない。だが、それを実行したあなたのシステムは、いい音を聴かせるはずである。いい音楽を、いい音で聴くことを、私は芸術と呼びたい。

あとがき

私はオーディオの素人である。我流の自作機は別にして、オーディオ製品と呼べるものを開発・設計した経験もなければ、その製造・販売に携わったキャリアもなく、ときおり雑誌社のもとめに応じてオーディオにかんする駄文を書き散じはするものの、それとて素人芸の域を出るものではない。そんな一介のアマチュアにすぎない私ではあるが、オーディオを愛する心においては、人後におちないつもりである。オーディオマニアである。マニアという言葉は、昨今、本来のネガティヴな意味として受けとられることが多いようだが、そもそも文化・文明というものは、ひとつのことがらを「狂的」に愛する人々によってつくられたものではなかろうか。

しかしながら、オーディオの現状を俯瞰するに、マニアとそうでない人々との間には、あまりにも大きな距離があるように見うけられる。オーディオ専門誌の高度な解説記事は、とりたてて技術的興味のない人々にとって解読不可能な暗号に等しく、オーディオ販売店に展示されている高級機器のプライスタグの数字は、質素倹約を美徳とする人々に嫌悪の念を抱かしめるであろう。これは、オーディオ技術がひじょうな高みにまで達したことの証左ではあるのだが、テクノロジーの進歩がオーディオ趣味への入口を狭くしていることもまた否めない事実である。

いつの頃からか、私は、オーディオにふと興味をもった人のためのガイドブックを著わしてみたいと思うようになった。オーディオはマニアだけのものなのだろうか。ウォークマンやラジカセでは、オーディオ趣味は始められないのだろうか。そんなプリミティヴな疑問から、本書は生まれたのである。

本書をかたちにするにあたっては、多くの方々のお世話になった。

まずは、「実用以上・マニア未満」というコンセプトに目をとめてくださった、岩波書店編集部長の山口昭男氏にお礼を申しあげたい。編集実務では岩波書店の賀来みすず氏のお手をわずらわせた。企画および編集進行にかんしては、アルファベータ社の中川右介氏の全面協力を得た。三氏のご厚意には深甚の感謝を捧げたい。

私に、オーディオの何たるかを教えてくださった方々にも感謝したい。ご自宅で信じられないほどの美音を聴かせてくださった、オーディオ界の重鎮、菅野沖彦先生。その明晰なサウンドで私に音の「魔力」を知らしめた、新世代オーディオの旗手、朝沼予史宏氏。私のオーディオの兄貴分、日本放送協会の小林悟朗氏。同世代で最も「使いこなし」の巧い、『ステレオサウンド』誌編集長の小野寺弘滋氏。ほかにも多くの人々のお蔭で、私のオーディオ観は形成された。

妻、多由幸にも感謝する。彼女は女性には比較的めずらしいオーディオマニア。本書の多くの部分は「家庭の団欒《だんらん》」から生じたものなのだ。

最後になって恐縮だが、本書をここまで読んでくださったあなたに感謝する。もしもあなたが本書の一節からオーディオに興味をもち、オーディオを趣味としていただけたなら、著者としてこんなに嬉しいことはない。

二〇〇二年三月　渋谷 偏機館にて

石原　俊

いい音が聴きたい　　岩波アクティブ新書 27

2002 年 5 月 7 日　第 1 刷発行

著　者　石《いし》原《はら》　俊《しゅん》

発行者　大塚信一

発行所　株式会社 岩波書店
〒101-8002 東京都千代田区一ツ橋 2-5-5

電　話　案内 03-5210-4000　営業部 03-5210-4111
編集部 03-5210-4161
http://www.activeshinsho.com/

本文・カバー印刷／製本　法令印刷

ISBN 4-00-700027-1　　Printed in Japan

岩波アクティブ新書の発足に際して

先行き不透明な時代です。経済の行く先を予測することはむずかしく、今の生活スタイルをいつまで続けられるのか不安です。若い人にとっては、就職し定年まで勤め上げるというイメージはもちにくくなる一方、定年を迎える人には、その後の長い人生設計が切実な問題となっています。環境問題はさらに深刻化し、健康に不安を抱えている人も多いことでしょう。

生活スタイルが個性的になり、価値観も多様化しています。そのため人間関係が複雑になり、世代間ではもちろん、世代の内部でも、コミュニケーションがむずかしくなっています。家族との接し方もこれまでどおりにはいかないでしょう。

世の中に情報はあふれ、インターネットなどを使えば、直面している問題を解決するてがかりを探し出すことは容易です。しかしいま必要なのは断片的な情報ではなく、実際に試しながら繰り返し頼りにできる情報です。現代人の生活の知恵ともいうべき知識です。メディアは多様化していますが、そのような手応えのある知識を得るために、書物は依然として強力なメディアです。

私たちは、みなさんが毎日の生活をより充実した楽しいものにされることを期待して、ここに岩波アクティブ新書を創刊いたします。この新書によって、新しい試みに挑戦し、自らの可能性を広げてくださることを望みます。そして、この新書が、身のまわりの小さな変化を手始めに、社会を少しでも住みよくしていく力となるなら、これにまさる喜びはありません。

（二〇〇二年一月）